Der Bauer im Osten
Die Letzten ihrer Art

Bernd Hauswald

"Wenn Sturm und Hagel
die Halme fällt,
wird der Acker schweigend
aufs Neue bestellt"

Impressum:

Verlag:

David Vandeven
Vandeven24 Literaturverlag
ErnstThälmannStraße 63
DE 02708 Großschweidnitz
Telefon: +49 (0) 3591 / 570 9 087
Mobil: +49 (0) 1577 / 887 1 906
info@ BuchFairlag.de
www.BuchFairlag.de
UstID: DE268034394

Cover-Design:

Werbeagentur Media-Light Löbau

Autor:

Bernd Hauswald

ISBN: : 978-3-9470-7001-5 – Preis: 16,90 €

Inhaltsverzeichnis:

Vorwort

Nach der „Wende" die Zerschlagung der landwirtschaftlichen Großbetriebe und das Verschwinden des eingebrachten Inventars der Landeinbringer in den Konkursmassen!

Ja, das Verschwinden des Berufstandes der Bauern im Osten, ohne Aussicht jemals wiederzukehren!

Nur Wenige der „Landeinbringer" von 1960 sind noch unter uns. Die Generation der Bauern die noch in eigener Verantwortung ihre Höfe bewirtschaftet hat, ist so gut wie ausgestorben. Damit geht ein hohes Maß an bäuerlichen Wissen und Erfahrungen welches über Generationen weitergegebenen wurde verloren! Der bäuerliche Beruf, einer jener Berufe, der wie kaum ein anderer ein umfangreiches Fachwissen auf vielen Gebieten verlangt, gepaart mit handwerklichem Können und Geschick stirbt aus!

Die profitorientierte Bewirtschaftung großer Flächen der Region in „Monokultur" nun bereits 23 Jahre. Erste Anzeichen der Versteppung der Ackerkrume, die vom Bauernstand über Jahrhunderte sorgsam gepflegt und gemehrt wurde, sind zu sehen!

Seit es Menschen auf der Erde gibt, war die Versorgung mit Nahrung seine wichtigste Aufgabe. Jäger und Sammler waren stets abhängig vom momentanen Nahrungsangebot in der Region die gerade als Aufenthaltsort diente. Das Wetter hatte seit ewigen Zeiten einen starken Einfluss darauf. Paradiesische Zeiten und große Hungersnöte lösten sich ab.

Seit dem Sesshaft werden ernährt sich der Mensch von einer bestimmten kultivierten Fläche. Domestikation von Tieren und die Veredelung pflanzlicher Erzeugnisse über den Tiermagen sicherten die Versorgung mit Fleisch. Angefangen von der „Brachenwirtschaft" über die „Dreifelderwirtschaft" bis hin zu der, den neuesten Erkenntnissen der Wissenschaft folgenden Fruchtfolgen verlief die Entwicklung über Jahrtausende.

Kunstdünger und Pestizide waren unseren Vorfahren unbekannt. Sie beteten zu Gott, „unser täglich Brot gib uns heute...". Wir bekommen heute mit unserer Nahrung „unser täglich Gift"! Mit primitivsten Mitteln, meist nur mit der eigenen Muskelkraft wurde der Boden bearbeitet. Mit der Natur und nicht gegen sie zu arbeiten entschied über „hungern" oder

„satt“ werden. Man merkte bald, dass die fruchtbaren Schwemmböden der Talauen oder nährstoffreiche Vulkanascheböden gepaart mit günstigen klimatischen Bedingungen die besten Voraussetzungen für eine ertragreiche Bewirtschaftung boten und dort wurde in Wassernähe gesiedelt. Später bei erneutem Landbedarf wurden natürlich immer mehr Wald gerodet und auch steinige Bergregionen urbar gemacht. Diese Verwitterungsböden sind keinesfalls unfruchtbar, bedürfen allerdings besonderer Fürsorge hinsichtlich der Humusversorgung und des Schutzes vor Wind - und Wassererosion!

Über Jahrtausende wurde der Humusgehalt der Böden angehoben und als kostbarstes Juwel gehegt und gepflegt. Die Fruchtbarkeit des Bodens auch für Kinder und Kindeskinder zu erhalten und zu mehren und nicht „privatkapitalistischer Höchstgewinn“ waren die entscheidenden Kriterien! Fest verwurzelt auf heimischer Scholle, Neuem aus negativen Erfahrungen heraus stets skeptisch gegenüber wuchs der Bauernstand, verantwortlich für die Volksernährung. Mit der Bearbeitung der Flächen ergab sich der Aspekt der Landschaftspflege und ist aus unserer heutigen Kulturlandschaft nicht mehr weg zu denken, ja sogar eine dringende Notwendigkeit geworden. Regional angepasst, ist ihr Akribie und Sorgfalt zu widmen.

Naturkatastrophen wie Sturm und Hagel, auch Feuersbrünste forderten ständig ihren Tribut. menschliche Habgier, auf Höchstprofit ausgerichtete Politik, Repressalien und Kriege nahmen oft Alles, neben Haus und Hof auch Leben und Gesundheit.

Vier Pferde vorm Schneepflug hier in Rückersdorf

Der Kauf des Hofes 1903 durch Großvater Max

Mein Großvater Max kaufte den Hof vom Vorbesitzer Hänsche. Die landwirtschaftliche Nutzfläche (LN) betrug 15 ha und 1 ha Wald. Er stammte gebürtig aus Helmsdorf bei Stolpen, vom dortigen Hauswaldschen Hof.

Bereits 1904 baute er die Scheune neu. Er hatte den Beruf eines Tischlers erlernt. Die Entscheidung einen Bauernhof zu erwerben zeigt die Liebe zur bäuerlichen Arbeit. Er hat allerdings immer gesagt es war ein Fehler in eine höher gelegene, bergige Region zu ziehen. Besser wäre es gewesen in eine klimatisch nicht so raue Gegend zu gehen.

Er hat sich eine Tischlerwerkstatt eingerichtet und seine Einrichtungsmöbel in sehr hervorragender Qualität selbst gebaut. In der dritten Generation habe ich mit meiner Familie den Hof bewirtschaftet immer nach dem Motto meiner Vorfahren, „selbst ist der Mann"! Großvaters Schreibtisch habe ich vor einigen Jahren aus Platzgründen zum Brennholz demontiert und war erstaunt über die massive, korrekte Bauweise. Der Schreibtisch war Eiche furniert und dunkel gebeizt.

Hochachtung empfinde ich noch heute vom handwerklichen Geschick und Können unserer Vorfahren. Denn seine, aus unserer heutigen Sicht primitiven, Tischlerwerkzeuge sind zum Teil noch vorhanden. Wer glaubt es wurde stümperhaft und mit erheblich zu hohem Zeitaufwand, also uneffektiv gearbeitet der sollte sich mit der Geschichte des „Gollschen Rades", einer Biertischwette der Neustädter Handwerksmeister seiner Zeit befassen. Deren unglaubliche Leistung selbst „August der Starke " nicht für möglich hielt und das Ganze unter königlicher Aufsicht wiederholen ließ. Der Wagenbaumeister Goll wettete, mit Beginn des Sonnenaufganges ein Wagenrad zu bauen, es per Hand von Neustadt nach Dresden zu treiben, es zu verkaufen und vor Sonnenuntergang den Erlös zu vertrinken, er gewann die Wette! Wer es nicht glaubt, bitte, das erste Rad steht im Heimatmuseum von Neustadt, das zweite in nur knapp sieben Stunden gefertigte im Schloss Moritzburg.

Oft neigen wir dazu über früher geschaffene Dinge den Kopf zu schütteln und meinen, ach was haben die da früher für einen Unfug gebaut. Schaut man genau hin merkt man sehr schnell, dass Sinn dahinter steckt. Meist wurde gespart, weil Geld stets knapp war und an Materialien konnte nur verwendet werden was greifbar war.

Das Goll'sche Rad, Zeichnung von Rico Nitsche,
am Anfang der Malzgasse in Neustadt

Einen Warentransport „rund um den Erdball" wie heute gab es nicht, es wurde das genutzt was die Region bot und dies konnte innerhalb uns heute kurz erscheinender Entfernungen recht unterschiedlich sein. Noch unsere Großväter führten alle Transporte, von der Eisenbahn abgesehen, mit Pferdegespannen durch. Beim Bau der „Heilstätte Hohwald" der in nur vier Jahren von 1902 bis 1905 erfolgte wurde Alles mit Gespannen der Bauern aus den umliegenden Orten durchgeführt. Gewaltige Bewegungen von Gesteins - und Erdmassen standen an, der Höhenunterschied des Südhanges der Baustelle beträgt 70 Meter! Der erste Gusseiserne Heizkessel wurde am 27.9.1904 vom Bahnhof Neustadt mit 17 vorgespannten Pferden über den Berthelsdorfer Seifweg zur Heilstätte gezogen! In der Broschüre „100 Jahre Hohwaldklinik" ist geschrieben vom Bahnhof Neukirch Ost aus. Dies ist wahrscheinlich nicht richtig, Marianne Schönert und Inge Raupbach haben mir gesagt, dass im Familiennachlass große Bilder von dieser Aktion vorhanden waren, da ihre Vorfahren mit ihren Gespannen dabei waren. Mit Herrn Wolfgang Albrecht, Mitautor der Hohwaldbroschüre habe ich telefoniert, er konnte mir nur sagen, dass er es von irgendwoher übernommen hat.

Eventuell eine Verwechslung zwischen Neustadt und Neukirch von irgendwann?

17 Pferde vor dem 1. Heizkessel der Heilstätte Hohwald

Max war zeichnerisch sehr talentiert. Dies ist auf Bleistiftzeichnungen aus seiner Schulzeit ersichtlich, aus unserer heutigen Sicht wurde sehr streng zensiert. Fünfunddreißig Zeichnungen aus seiner Schulzeit sind noch im Familiennachlass vorhanden.

Max hatte von einem Unfall herrührend ein lahmes Bein. In seiner Jugend lief er neben seinem Fuhrwerk. In einer Kurve kam ein mit langen Stangen beladenes Gespann entgegen. Durch das Ausschwenken der Stangen wurde er unter seinen Wagen gedrückt und von diesem überrollt. Mit zunehmendem Alter verschlimmerte sich der Zustand seines Beines und er ging am Stock.

Bleistiftzeichnung von Max, vom 12.2.1878

So musste mein Vater Fritz bereits im Alter von 14 Jahren, ab 1922 das Pferdegespann übernehmen und die gesamte Feldarbeit erledigen.

Max hatte mit seiner ersten Ehefrau fünf Kinder. Else, Frieda, Hedwig, Fritz und Hilde.

Seine erste Ehefrau verstarb frühzeitig, sie war eine gebürtige Süßmilch aus Uttewalde, er heiratete ein zweites Mal. Meta seine zweite Ehefrau war die Schwester des über die Straße ansässigen Blumenfabrikanten Richard Eisold.

Im Hof vor der Haustür

Meta brachte aus erster Ehe ihre Tochter Käthe mit. Wie seinerzeit üblich wohnten die Altbauern im Seitengebäude, dem „Ausgedinge“ . Im Notarvertrag war der „Auszug“ geregelt, all das was die Erblasser für ihr bescheidenes Leben benötigten. Wöchentlich eine bestimmte Menge Butter, Milch , Eier oder Wurst und Fleisch, wenn geschlachtet wurde. Auch Heizmaterial und natürlich die Altenbetreuung und Krankenpflege waren geregelt. Das schönste Geschenk an die „Auszügler“ war seit jeher, das noch „gebraucht werden“ auf dem Hofe. Enkel oder gar Urenkel betreuen und mitarbeiten soweit es die Gesundheit erlaubte und vom großen Schatz der Lebenserfahrung manchen wohlgemeinten Ratschlag weiter geben zu können.

Hofansicht zwischen 1905 und 1950

1936 übernahm mein Vater Fritz den Hof. Gemeinsam mit seiner Ehefrau Ella geb. Mehnert aus den Putzkauer Vogelhäusern bewirtschaftete er den Hof mit einem Kutscher und ein bis zwei Mägden .Üblich war, dass Geschwister die nicht gerade einen eigenen Hof bewirtschafteten in Saisonzeiten tatkräftige Hilfe leisteten. Gleiches galt auch für Häusler die wiederum Gespanndienste für ihr eigenes Stück Acker benötigten. So war es ein gegenseitiges Geben und Nehmen. Trotz körperlich schwerer Arbeit gab es nicht selten mehr oder minder deftigen Spaß bei der Arbeit unter freiem Himmel.

1942 begann Fritz mit größeren baulichen Veränderungen an Stall und Wohngebäude. Es wurden die Küche und die Futterküche unterkellert. Vorher gab es nur einen 8,3 m² großen und 1,5 m hohen mit Granitdeckern abgedeckten Keller unter dem Stübchen. Dieser war über eine Falltür von der Küche aus erreichbar. Es folgte der Bau einer Dungstelle und Jauchengrube, danach 1948 der Umbau des Kuhstalles mit einer Kopffütterung und Massivdecke, einem mit Kachelplatten gefliestem Futtergang. Natürlich mit Selbsttränke für die Rinder, deren Wasser in einem Bassin im Stall temperiert über ein Schwimmersystem den Tränken zugeführt wurde. 10 Kuh -, 3 Färsenplätze sowie 3 Schweineställe für 4-6 Tiere hatten hier ihren Platz. Die Stallaußenmauern wurden aus behauenen Granitpossensteinen aus dem Berthelsdorfer Granitsteinbruch Heinrich und Hutsch traditionell gemauert.

Vater hatte sich einige Steinmauern angesehen und war der Meinung „ein bisschen hübscher muss das Mauerwerk werden“! Die Steine wurden als Rohlinge mit dem Pferdegespann herangeholt.

Das behauen führte der Steinmetz Alwin Ulbricht als Rentner per Hand auf dem Hofe unter dem Flachdach des Kleewagens aus. Sein Lohn 0,50 Pfennig pro Stunde, im Jahr 1948. Er war der Urgroßvater des heutigen Inhabers der Lohendrogerie Jens Ulbricht. Das „pinkern“, also Steine behauen per Hand habe ich noch gut in Erinnerung.

1950 wurde die vordere Wohnhaushälfte, zuerst das Erdgeschoß erneuert und vollständig unterkellert. Das Obergeschoss, inklusive Dach, war mit Holzstempeln abgesteift, das gesamte Haus stand auf „Stelzen“. Als das Erdgeschoß errichtet war und die Decken eingezogen, wurde das Obergeschoß gemauert. Gebaut wurde mit Abbruchziegeln aus Dresden, Dank der unermüdlichen Arbeit der Dresdner „Trümmerfrauen“. Den Transport führte das Niederottendorfer Fuhrunternehmen Helmut Friedel aus. „Zugpferd“ war eine 55ziger Lanz Bulldog mit Schnellgang. Hinladung Sand aus der Putzkauer Kiesgrube Schreier, zurück Ziegelsteine. Die Anhänger, anfangs vollgummibereift waren keine Kipper alles musste per Hand bewegt werden.

Für uns Kinder war es immer ein großes Erlebnis, wenn der Bulldog meist spät am Abend kam und Material brachte.

Zwei mutige Erwachsene Personen mussten sich auf die Vorderachse stellen, da der kurz gebaute Bulldog sonst vorn hoch kam und nicht mehr lenkfähig war. So ging es den Berg rauf in den Hof. Die ganze Maschine vibrierte dabei!

Aus der Nachbarschaft kamen Helfer zum entladen. Dies geschah durch zuwerfen der Ziegelsteine in einer Menschenkette, bei Bedarf auch gleich bis ins Obergeschoß. Beim zuwerfen der Ziegel musst du bloß immer auf den Nächsten seine Nase zielen, wurde gerufen und tatsächlich geht's so am besten. Auch der Sand wurde per Hand abgeschaufelt. Später durch den Durchwurf geschmissen, also gesiebt. Mörtel wurde trocken durch mehrmaliges umschaufeln gemischt und meist abends für den nächsten Tag vorgesümpft.

So kam er in den Kalkkasten erst dort wurde sehr sparsam beim „anstoßen“ Zement untergemischt. Einen Betonmischer gab es nicht. Wer jemals mit vorgesümpften Mörtel gearbeitet hat, weis ihn zu schätzen. Dagegen ist die heutige Sackware ekelhaft klebrig und schlecht zu verarbeiten. Alte Maurer grobschlächtig und auf Höchstleistung orientiert, wie Richard Schuster hätten dir das Zeug wahrscheinlich auf den Buckel geschmissen!

Meine Kindheit und Schulzeit

1943 Ende September wurde ich als 4. Kind geboren. Endlich der laut Erbhofbauerngesetz der Nazis erforderliche Junge. Ich hatte drei ältere Schwestern, Dorothea, Gisela und Lieselotte. Somit war ich der „Kleene“, Kriegsmodell von 1943.

Die Freude war riesengroß „endlich ein Junge“! Auch die Nachbarschaft und die Verwandtschaft nahmen an der Freude teil, sagte mir Thea Hänsel einmal. Anfang September 1950 wurde ich in der damaligen Grundschule Berthelsdorf, heute Kindertagesstätte der „Hohwaldbienen“ eingeschult. Diese Schule besuchte ich bis zur Entlassung aus der 8. Klasse.

Die ersten Jahre erfolgte der Unterricht mit zwei Schuljahren in einem Klassenzimmer. Die Einen mussten eine schriftliche Tätigkeit ausführen die Anderen wurden unterrichtet.

55-jähriges Klassentreffen Juni 2013, sogar das Lehrerehepaar Fleischmann war gekommen (oben rechts)

Bereits bei meiner Entlassung 1958 war es möglich die mittlere Reife (9. und 10. Klasse) in Neustadt zu besuchen. Meine schulischen Leistungen wurden mit „gut“ honoriert. Da mein Vater auf einen Kutscher wartete, waren noch zwei Jahre Schule für mich kein Thema.

Trotz der sicherlich nicht optimalen schulischen Vorraussetzungen dieser Nachkriegsjahre wurden wir mit einem hohen Allgemeinwissen und allem notwendigen Fachwissen ausgestattet ins Leben entlassen, fest verwurzelt in einer dörflichen Gemeinschaft. Alle, möge sie das Leben auch wer weiß wie weit auf der Erde verstreut haben , kommen aller fünf Jahre sehr gern ins Heimatdorf zum „Klassentreffen“.

Für künftige Generationen beim heutigen „Schulverwirrsystem“ kaum noch denkbar.

Als meine beiden großen Enkel vor zwölf Jahren die 9. Klasse besuchten habe ich mich mal für den Unterrichtsstoff in Deutsch und Geschichte interessiert. Weltliteratur, die uns in den 1950ern gelehrt wurde, wie zum Beispiel „Das Fähnlein der sieben Aufrechten“ von Gottfried Keller war völlig unbekannt! Aber es kommt noch dicker, Opa ist in die Buchhandlung getrabt um dieses Büchlein zu kaufen. Pustekuchen, diese wahrscheinlich zu aufmüpfige Weltklasseliteratur wird im ach so freiheitlichen und demokratischen Deutschland nicht verlegt!

Finnland belegt stets vordere Plätze bei jährlichen Pisastudien der EU, es ist kein Geheimnis, die Finnen haben sich vor Jahrzehnten das DDR – Schulsystem angeschaut! Warum wohl gab es in der „ach so unmenschlichen DDR“ ein Baugesetz welches forderte, dass in Schulen und Kindergärten die Fenster der Toiletten auf der Sonnenseite zu liegen hatten. Es wahr wissenschaftlich erwiesen, dass die Sonne Bakterien abtötet und man wollte für die Kinder das Beste vom Machbarem!

Bereits vom 1. Schuljahr an wurde nach Unterrichtsschluss, meist im Klassenzimmer erster Stock über der Haustür, Religionsunterricht erteilt.

Der Religionslehrer war der pensionierte Oberlehrer Oswin Hantsch aus Neustadt, er kam mit dem Bus. Der Religionsunterricht verlief Katechismusgerecht, manchmal auch verkürzt. Herr Hantsch musste öfters die Toilette aufsuchen, wie das im Alter ebenso ist. Als erstes kettete er seine Taschenuhr von der Weste und legte sie vorn auf das schräge Pult, um den Zeitverlauf des Unterrichtes und seine Busabfahrtzeit Richtung Neustadt im Auge zu haben. In unserer Schulklasse befanden sich jeweils so um die drei bis fünf „Sitzenbleiber". Dabei waren wir nur etwa 11 Bertheldorfer Schüler der Jahrgänge 43/44.

Auch in Berthelsdorfer Häusern und Höfen wurden Kriegsvertriebene Umsiedler eingewiesen, meist Kriegswitwen mit Kindern. Diese Alleinstehenden Mütter mussten Tags den Lebensunterhalt verdienen. Oftmals arbeiteten sie im Forst. Die Kinder waren sich selbst überlassen und wurden somit schwererziehbare „Sitzenbleiber". Diese Bengel scheuten sich nicht beim Stellvertreter des Herrgottes an der Uhr zu drehen, wenn er auf Toilette war und wir hatten mal schnell eine halbe Stunde mehr Freizeit. „Oswin" stand nachher kopfschüttelnd an der Haltestelle und resignierte über die Unpünktlichkeit des Omnibusses. Damals hatte ich noch keine Ahnung davon, dass er eine Chronik geschrieben hatte über die alte Berthelsdorfer Handdruckspritze, dazu später mehr.

Kamen wir nach dem Unterricht nach Hause, hieß es den Abwasch machen und im Frühjahr Kartoffeln abkeimen, jeden Tag einen Dämpfer voll. Diese Arbeit machten wir nicht gern, vor allem wenn draußen die Sonne schien. Manchmal waren auch nassfaule „Abern" dabei und die Finger stanken nach dem Hände waschen immer noch.

In so genannten Arbeitstälern, also zwischen Frühjahrsbestellung und Heuernte oder zwischen Heu- und Getreideernte wenn keine Feldarbeit anstand widmete sich Vater stets seinem jeweiligen Bauvorhaben und wir brauchten natürlich nicht aufs Feld kommen.

Dann waren wir immer so fünf bis zehn Kinder auf dem Hof. Versteckspiel oder Räuber und Schampamper, wie wir es nannten, waren dann hoch im Kurs. Pfeil und Bogen bauten wir selbst, die Pfeile aus Schilfrohr mit oben aufgesteckten Aststücken vom Holunder. Das ging leicht, man konnte das Schilf gut in das Mark des Holunders stecken, es ist so auch niemals zu Verletzungen gekommen. Katapulte aus einer Astgabel mit Gummibändern von einem alten Fahrradschlauch wurden zurechtgeschnitten und so in der Hosentasche getragen, na ja halt wie ein Cowboy seinen Colt, so kamen wir uns unbezwingbar vor.

Da fällt mir gerade noch ein „Wild West" Romane waren in der DDR verboten. Bekam ich mal einen zum lesen, habe ich ihn im Bett unter der Zudecke mit der Taschenlampe gelesen.

Einen großen Sandhaufen gab es durch das ständige Bauen immer auf dem Hof, ein idealerer Spielplatz ist kaum denkbar. Einmal haben wir ein riesiges Schiff aus dem gesamten Sandhaufen gebaut, damit die Planken hielten reichlich Wasser reingepanscht. Vater wollte abends Sand sieben für die Bauarbeiten des nächsten Tages, das ging nicht und wir bekamen eine ordentliche Standpauke.

An einem heißen Sommertag, wir waren uns mal selbst überlassen, wir stauten den Mühlgraben an der Hofeinfahrtsbrücke und gondelten mit einer alten Zinkbadewanne. Es war ein herrlicher Nachmittag und das Donnerwetter am Abend auch nicht von schlechten Eltern. Am Vortag waren zwei Felder der Wassermauer von einem Feierabendmaurer neu ausgefugt worden und der Mörtel noch nicht fest genug, war davongeschwommen! In einen Teich baden gehen war uns wegen der Gefahr des Ertrinkens untersagt und Familienurlaub für Bauern nicht denkbar.

Bernd und Volker mit Zugpferd Prinz
und Futter für die Meerschweinchen

Einmal machten unsere Eltern mit uns eine „Dampferfahrt“ auf der Elbe, es war ein wunderschönes Erlebnis an einem sonnigen Tag. Noch heute erinnere ich mich an den wohlschmeckenden Kartoffelsalat der Schiffskombüse.

Waren unsere Eltern auf dem Feld, hatten wir nach Erledigung der häuslichen Aufgaben dort zu erscheinen. Zur Frühjahrsbestellung gab es kaum Tätigkeiten für uns Kinder auf dem Feld und somit auch am meisten Zeit vom ganzen Jahr zum rum tollen in Gottes freier Natur!

Das machten wir grad so wie die Feldhasen zur Paarungszeit. Ja das ist nicht erfunden ein bis zwei Gruppen liebestoller Hasen waren immer im Gelände vorhanden, diesen stellten wir natürlich erfolglos und nicht waidgerecht nach, um abends tot müde ins Bett, auf den Haferstrohsack zu fallen .

In einer Zeit wo täglich der Briefkasten mit Werbematerial übervoll ist, ist es sicher interessant zu erfahren, dass in meinen frühen Kinderjahren nur eine Zeitung für zwei Höfe gehalten wurde. Wir Kinder schafften sie zum Nachbarn oder holten sie von dort. Von Lehmann's Gustav bekam ich als Steppke eine Anerkennung in Form eines Bonbons oder Apfels dafür. Gustav war während des amerikanischen „Goldrausches“ in Alaska erfolgreicher Goldgräber gewesen, um 1904 den benachbarten Bauernhof zu kaufen.

Im Alter von drei oder vier Jahren fuhr meine Cousine Erika mit mir und dem Handwagen „Rüben blättern“. Ich bekam Gelegenheit einen Hasen zu fangen. Das geht ganz einfach sagte sie mir, du brauchst dem Hasen nur etwas Salz aufs Schwänzchen streuen und er bleibt sitzen. Etwas Kochsalz bekam ich in die Hand, diese fest zur Faust geballt, durfte ich stolz im Handwagen Platz nehmen. Auf dem Feld angekommen, war das Salz in meiner Hand zerlaufen, die Hand klebrig und es gab keinen Hasenbraten. Das Rüben blättern war Ausdruck des bäuerlichen Wesens der „alten Zeit“, alles was die Natur bot, wurde genutzt. Hier waren es die unteren Blätter der Futterrübe die im Laufe des Sommers sowieso vertrocknen. Sie wurden mit Strohbändern zu Bündeln geschnürt und waren eine willkommene „Nahrungsergänzung“ für Schweine und Geflügel.

In der Getreideernte Garben rüber legen, so dass Fahrgassen für die Lehrrückfahrt der pferdebespannten Flügelmaschine entstanden. Bei lagerndem Getreide wurde grundsätzlich einseitig gemäht.

Beim Puppen stellen

Die Garben wurden sowieso auf Zeilen geschafft, da die Puppen in sauber ausgerichteten Reihen gestellt wurden. Zwischen den Puppenreihen wurde der Acker geschält. Den Stoppel schälen ist eine sehr gute Methode der mechanischen Unkrautbekämpfung. Die ersten Garben mussten wir Kinder beim aufstellen halten bis sie von selbst standen. Jede Puppe erhielt eine bestimmte Anzahl Garben, abhängig von der Getreideart, symmetrisch sauber angeordnet. Die Getreidepuppen standen ja auf freiem Feld, es sollte überall Luft durch können, um ein austrocknen nach Regen zu gewährleisten.

Tatkräftige Kinderhilfe war beim Rüben vereinzeln und Kartoffel lesen gefragt. War gerade mal keine, für Kinder geeignete Tätigkeit vorhanden, hatten wir auch auf dem Feld zu erscheinen, um einfach dabei, sozusagen unter der „Fuchtel" zu sein.

Heuernte, dammeln mit dem Rechen, die Fuhre ist voll,
mit dem Rechen wird abgezogen, der Wiesebaum wird verzurrt

War in der Heuernte eine Wiese gehäufelt, durften wir das „Futter" mit breit schütteln. Das ging natürlich nicht wenn Schule war.

Mach mal Pause - damals noch ohne Coca-Cola - inmitten einer intakten Natur

Aber waren wir zu Hause wurde sich auf der frisch gemähten Wiese so richtig ausgetollt und so mancher Purzelbaum geschossen.

Beim „großen Treiben" wie die Getreideernte in alter Zeit genannt wurde, ging es mit den sorgsam „geladenen" Fuhren gleich in die Scheune rein. Die Pferde wurden einzeln an der Fuhre vorbei nach draußen geführt und durften keinen Augenblick unbeaufsichtigt bleiben, denn nur das Fahrbereich in der Scheune war doppelt gedielt. Beim Verlassen dieses Bereiches bestand die Gefahr, dass die Tiere durchbrachen. Vater erzählte, dass es einmal vorgekommen ist. Glück im Unglück, das Pferd ist mit den Hinterbeinen zuerst durchgebrochen, dann ging es vier Meter nach unten. Genau da drunter lag ein Haufen von gehackten und gebündelten Anfeuerreisig, auf diesem Haufen ist des Tier mit seinem Hinterteil zuerst gelandet und dann auf die Vorderbeine gekippt, dem Pferd war nichts passiert, es war nur „betäppert"!

Ein Teil des Getreides wurde eingepanst zum dreschen im Winter, der größere Teil gleich von der Fuhre gedroschen. Die Garben von der Fuhre auf den Dreschboden schmeißen und die fertigen Strohbunde oben wegnehmen war eine Tätigkeit für einen von uns Kindern. Ein Anderer hatte die Garben vor dem „Einlegen" in die Dreschmaschine aufzuschneiden. Das einlegen machte meist Mutter. Ab dem 7. Schuljahr durfte ich die Dreschmaschine überwachen und war natürlich stolz auf meinen „Maschinistenposten."

Lilo , Gisela , Bernd , Christa ,
Jochen und Dorothea beim Wintersport

In der Kartoffelernte war unsere allerliebste Beschäftigung das „Sturzelfeuer" zu entfachen. Kartoffelkrautschläger gab es noch nicht und Kartoffelkraut fiel reichlich an. Die „Krautfäule" hatte noch nicht Hochkonjunktur! Der Acker musste beräumt werden, das Kraut wurde mit der Egge auf Dämme geschleppt und mit der Gabel gehäufelt. Diese durften wir Kinder abfackeln, es war gegen Abend in der Herbstdämmerung eine besondere Romantik für uns.

Dabei hatten wir schnell herausgefunden, dass im Feuer geröstete Kartoffeln recht gut schmecken. Abendliche Grill - oder Lagerfeuer waren uns unbekannt.

Der „Abernernte" schloss sich die Futterrübenernte an, unsere Aufgabe war es, die vorm Kellerloch abgeladenen Rüben in den Keller zu werfen und im Keller jede Ecke voll zu stopfen. In der frühen Herbstdämmerung ein Gaudi für uns, denn meist waren alle Nachbarkinder mit von der Partie! Da wurden Rüben wie Kürbiss ausgehöhlt und ein Licht reingestellt, natürlich hatte die Rübe ein Gesicht.

Fernseher, Computer, Handy ja selbst ein primitives Telefon gab es nicht. Wurde mal der Tierarzt gebraucht, gab es in der umliegenden Nachbarschaft zwei Telefone, von da aus wurde telefoniert.

Mit dem „Dabei sein" wuchsen wir in einem gesunden Umfeld naturverbunden auf. Unsere Eltern achteten streng darauf, dass die Tätigkeiten auch körperlich nicht zu schwer waren. Wir lernten frühzeitig den jahreszeitlich bedingten Vegetationsablauf kennen und riechen. Den frischen Geruch des Ackers, die verschiedenen Gerüche der Pflanzen und des Erntegutes.

Wenn der Duft von frischem Heu mit der Abendkühle ins Tal zieht oder frisch eingelagert die gesamte Scheune durchströmt, einfach wunderbar. Blüht ein Raps- oder Getreidefeld haben Augen und Nase Sonntagsgefühle. Der bäuerliche Kräutergarten ein Hochgenuss für Insekten, ja selbst die Katzen berauschen sich am Baldrianstock. Natürlich gehört auch etwas „Landluft" zum Bauernhof, die Ausdünstungen der Exkremente von Mensch und Tier. Früher waren diese Gerüche erträglich, als nur naturbelassenes Futter in die Krippen kam.

Seit alle möglichen Substanzen beigemengt werden stinkt es in und um die Ställe teilweise ekelerregend. Sicher sind die Gewichtszunahmen der Tiere weit besser, allerdings ist das Stück Fleisch in der Pfanne nach dem Braten auch nur noch halb so groß wie vorher, wie sinnlos, man könnte es auch Betrug am Kunden und der Umwelt nennen. Beobachten wir uns mal, nach dem Verzehr bestimmter Speisen können wir uns auch manchmal selbst „nicht riechen "!

Auf dem Hof gab es neben Hühnern auch Enten und Gänse. Die Federn des Wassergeflügels wurden sorgfältig gesammelt, um Betten für uns Kinder, oder die Aussteuer daraus zu fertigen.

Manchmal wurden Federbetten auch als Dankeschön an langjährig Bedienstete verschenkt. Im tiefsten Winter gab es dann die „Federnschleißsche“.

Ein Kaffeetratsch unter „Nubberfrauen“, meist war es wie im Gänsestall, so ein Geschnatter. Einmal, ich kam aus der Schule und ging ins Stübel, da flogen schon überall Federnmaukeln umher. Den Schulranzen wollte ich an seinen Nagel hinter dem Schrank hängen und dann schnell auf die „Brettl“, zu den Anderen über den Falter auf die Schimminghöhe. Nee, nee ließen die „Weiber“ hören, erst musst du ein „Purzeltöppel“, Federn schleißen, dann kannst gehen. Ich bekam einen Platz am Tisch und einen Kaffeepott aus emailliertem Blech, unter den ich meine geschlissenen Federn stecken sollte. Wenn soviel drunter sind, dass das Töppel umkippt bist du fertig, ich machte sehr schnell, einmal um hier rauszukommen und der „Idiotenhang“ mit Pulverschnee und den Kumpels wartete auch auf mich! Den Kiel von den Federn zu trennen fällt Kinderfingern bestimmt nicht schwer, aber dieser blöde „Pott“ wollte und wollte nicht umkippen.

Es war schon dunkel draußen als ich es endlich geschafft hatte, alle foppten mich danach. So blieb mein Ranzen bei allen künftigen Veranstaltungen dieser Art im Hausflur und ich verschwand.

Schlittschuhlauf auf der Lohe hinter Getränke Hentschel bis Falterbrücke unsere Schlittschuhe waren so genannte „Absatzreißer“

Die Weihnachtszeit soll nicht unerwähnt bleiben, hat sie doch für alle Menschen etwas Besonderes, natürlich speziell für die Kinder. Aber auch wenn wir als Erwachsene in strahlende Kinderaugen blicken können, wird es warm ums Herz!

Als Kinder freuten wir uns natürlich auf die Geschenke zum Nikolaustag und zu „Heilig Abend". Aber da war noch was, was uns das Fürchten lehrte, in dieser Zeit waren die „Rupprechte" zu Gange. Da gibt es ganz strenge für böse Kinder und wenn ihr nicht folgt, dann kommt so Einer zu euch, die haben entweder ein Strohband um den Bauch oder gar eine Kette, das sind dann die ganz Strengen!

Und tatsächlich kamen in manchen Jahren solche „Gesellen" zu uns, die Knie zitternd, kam das geforderte „Verschen" auch nur schlotternd über die Lippen. Trotzdem ging der weihnachtlichen Vorfreude nichts verloren, in ihr liegt ein geheimnisvoller Reiz, wenn auch die Geschenke nicht so riesig und übertrieben ausfielen, wie das heute üblich ist. Eine mit Liebe selbst gebastelte Kleinigkeit erfreut die Herzen mehr als protzige Geschenke die nicht die Herzen erreichen. Das gegenseitige Verstehen, die Liebe und Zuwendung sind mehr Wert als die teuersten materiellen Dinge.

Wir freuten uns über den neu angestrichenen Pferdestall oder die renovierte Puppenstube riesig, wenn noch ein paar Kleinigkeiten hinzukamen war das Glück perfekt!

Zuckerzeug gab es lange Zeit nach dem Krieg nur auf Marken, damit wurden wir nicht verwöhnt. Einmal hatte Vater in der Vorweihnachtszeit in Pirna auf dem Bauamt zu tun und für jeden zum Fest eine Tafel Schokolade gekauft, später erzählte er uns, dass er pro Tafel zehn Mark bezahlt hatte und das war „liederlich", wie er sagte! Ein neues „Rausschmeißerspiel" bekamen wir alle gemeinsam geschenkt, ich weiß es noch wie heute wir spielten bis zwei Uhr morgens, in einer vom Lachen geprägten familiären Runde.

Die Bescherung war immer nach dem Abendbrot, am Heiligabend. Erst mussten schließlich die Tiere versorgt werden, dabei wurde sich besonders viel Mühe gegeben, sie sollten auch merken dass Weihnachten ist.

Unsere Kinder Ute und Lutz 1967

Die Stollenbäckerei war eine jährlich wiederkehrende Aufregung. Die Zutaten sorgten jedes Jahr für Wirbel, was der eigene Hof nicht bot, war im wahrsten Sinne des Wortes schwer beschaffbar. Wer Verwandtschaft im Westen hatte war gut dran, da kamen die „Westpäckchen" mit dem in der DDR kaum Beschaffbarem. Wir hatten niemand im Westen, so kehrte das Desaster immer wieder, Mutter bemühte sich schon sehr früh um Rosinen, Mandeln, Zitronat und dergleichen. Zitronat war absolute Mangelware, nicht nur in der Nachkriegszeit. Ab Anfang der 80er Jahre bekamen wir in der „Pflanzenproduktion" die staatliche Auflage, Tomaten zur Zitronatherstellung anzubauen.

Diese wurden vor dem „rot werden" gepflückt und in Plastikfässern mit Zitronensäure und etwas Salz fermentiert. Daraus wurde DDR - Zitronat hergestellt!

Die Zutaten zur Stollenbäckerei machten die Hausfrauen zu Hause fertig, die brachten wir Kinder zum Bäcker, der mischte für jeden Kunden seinen individuellen Stollenteig. Jeder hatte Stollenzeichen mit seinem Namen, die wurden vor dem backen in den Stollen gesteckt. So bekamen alle „Ihren" Stollen wieder. Abends wenn die Stollen ausgekühlt waren, holten wir Kinder mit dem Handwagen das duftende Gebäck nach Hause. Zehn bis zwölf große Stollen wurden gebacken, der reichte dann meist bis Ostern!

Die Kuchenkiste wurde auch zur Kirmes gebraucht, da ging es auch so wie bei der Stollenbäckerei, die Hausfrauen lieferten die Zutaten, den Rest machte der Bäcker. Der Kirmeskuchen reichte weit über die Kirmes hinaus und wurde in der Vorratskammer gelagert. Kuchen war für mich eine Leckerei, öfters war ich mal in der Vorratskammer um ein Stück Kuchen zu stibitzen.

Meine Lehrzeit und meine ersten Erfahrungen mit der Technik

Bereits in den Fünfziger Jahren wirkte sich der Arbeitskräftebedarf der Landmaschinen-Industrie in der Region auf die bäuerlichen Wirtschaften aus. Kaum Jemand wollte noch von früh bis spät in der Landwirtschaft arbeiten. Die es noch taten konnte die Industrie auch nicht so recht gebrauchen. So wurde in dieser Zeit der Arbeitskräftebedarf auf den Höfen nur noch durch die eigenen Kinder mehr schlecht als recht gedeckt.

Die Entlohnung lag beim Bauern ca. 25 bis 50% unter dem der Industrie. So wurde der Bauer Sklave seines Eigentums. Die Arbeitsspitzen konnten kaum bewältigt werden, Technik für kleinbäuerliche Betriebe gab es nicht und war auch im Programm der Partei- und Staatsführung nicht vorgesehen!

So kristallisierte sich bereits in dieser Zeit ein Problem heraus, was die Landwirtschaft bis zum heutigen Tag begleitet, der Intelligenzgrad der Arbeitnehmer in der Landwirtschaft.

Es gab eine Zeit in der diese Tendenz durchbrochen wurde, dazu später mehr. Der Weg Richtung LPG-Eintritt war vorprogrammiert. Der Bauernstand bekannt für sein Festhalten an Besitz- und Brauchtum wurde durch wirtschaftspolitische Maßnahmen und Restriktionen weichgeklopft! Diese wirtschaftspolitischen Zusammenhänge habe ich mit 15 Jahren überhaupt nicht überblickt und mich für derartige Dinge auch nicht interessiert. So begann meine Lehrzeit auf dem väterlichen Hofe am Tage nach der Schulentlassung Anfang Juli 1958. Der offizielle Lehrbeginn war der 1. September. Die acht Wochen der „Großen Ferien" vielen jedoch voll in die Erntezeit, da wurde jede Hand gebraucht!

Der Pferdestall war am nächsten Morgen 4 Uhr 45 mein Domizil. Ich hatte die zwei schwarzbraunen Rappen zu füttern und zu putzen. Als erstes bekamen sie ihren gequetschten Hafer mit Weizenspreu vermengt, danach je nach Jahreszeit Klee oder Heu. Der Hafer wurde entsprechend der zu erbringenden Arbeitsleitung verabreicht. Bei weniger schwerer Arbeit gekürzt, schließlich heißt es nicht umsonst „dich sticht wohl der Hafer"! Bei feurigen Pferden bekam man seinen Fehler schon am nächsten Tag im ungezügelten Temperament der Tiere zu spüren, daher steht wohl das Sprichwort auch für puren Übermut!

Nach dem Ausmisten war der Dung zum Misthaufen zu karren und einzustapeln. Da fällt mir auch gleich noch ein altes Bauernsprichwort ein, „zeig mir deinen Mist und ich weiß wer du bist"! Da geht es nicht nur um Ordnung und Sauberkeit auf dem Hof, nein vielmehr um die Qualität des Dunges, er ist als organischer Dünger ein nachhaltiger Verbesserer der Bodenfruchtbarkeit. Jeder Quadratmeter Acker bekam mindestens alle vier Jahre eine Stalldunggabe von 250 dt je Hektar.

Mit Striegel und Kartätsche, das Fell der Pferde solange beidhändig bearbeiten bis es sauber war und glänzte, auch die Mähne musste gekämmt werden. Dies alles erfolgte während die Tiere fraßen.

Die Hufe wurden am Sonntagvormittag eingeschmiert, das Geschirr und Zaumzeug mit Lederfett behandelt, die Messingbeschläge auf Hochglanz poliert. Wenn dann der Hof gefegt und die Sandwege im Garten geharkt waren; zog Sonntag ein auf dem Hof. Ein herrlich beruhigendes Gefühl. Mit Stolz konnte man das in der letzten Woche Geschaffte betrachten und Zufriedenheit zog ins Gemüt.

Nachbarschaftliche Runde auf der Sitzecke im Garten am späten Nachmittag zu Himmelfahrt

Zunehmend ging dieser „Seelenbalsam" im Laufe der Zeit verloren, ohne wiederzukehren.

Morgens so gegen sieben, erst wenn alle Tiere versorgt waren, war „Kaffeetrinken", also erstes Frühstück. Das heißt Bohnenkaffee gab es nur am Sonntag, ansonsten wurde „Blümchenkaffee“ getrunken, dazu Mehlsuppe und Roggenbrot gegessen. Der Brotaufstrich war Butter und selbst gemachte Marmelade oder Rübensirup.

Als erstes ging es dann zum Kleefeld, das Grünfutter für Pferde, Schweine und Jungrinder holen. Es wurde noch im Morgentau mit der Sense gemäht und in den Kleeschuppen gebracht. Meist holten wir das Futter für zwei Tage und die musste es frisch bleiben, deshalb das mähen im Tau.

Danach ging es auf den Acker zu Bestell, Pflege, oder Erntearbeiten. Wir waren beim Rüben hacken mit dem Vielfachgerät auf dem Himmlerberg, Puppi zog es, da kam ein Vertreter der staatlichen Organe aufs Feld und wollte mich für ein Landwirtschaftsstudium werben. Das war 1961 gegen Ende meines dritten Lehrjahres. Damals habe ich dankend abgelehnt.

Im Winter wurde Mist zu den am weitesten vom Hof entfernten Feldern gefahren, eben um auch diese Felder mit Humus zu versorgen. Es wurde die arbeitsarme Zeit für derartige Transportarbeiten genutzt.
Bei Schnee geschah dies mit der Schleppe. Rückladung war je nachdem wie es passte, manchmal Holz aus dem Wald. Er lag ganz am Ende des Besitzes, es war ja nur ein Hektar. „Staatliches Holzsoll“, gab es jährlich, zwischen acht und vierzehn Festmeter waren für ein „Trinkgeld“ an den Staat zu liefern!

Wenn man weiß, dass ca. 9 Festmeter im Jahr pro Hektar nachwachsen, kann man einschätzen was an den privaten Wäldern für ein Raubbau betrieben wurde. Schließlich wurde auf einem Bauernhof auch ständig Holz benötigt, ob als Brenn- oder Nutzholz.

Unser Brennholz machten wir aus den Stöcken der Bäume die an den Staat zu liefern waren. Diese rodeten wir gleich mit dem Stock, so wirkte der lange Baumstamm beim umfallen als Hebel und hob den Stock aus seinem Wurzelloch.

Nutzholz für den privaten Bedarf gab es nur mit Einschlag - und Schnittgenehmigung. Es wurde streng kontrolliert und so manche Schneidmühle geschlossen, nur weil der Müller jemandem aus Gefälligkeit ein paar Stämme „schwarz“ geschnitten hatte! Ich kann mich noch gut erinnern, welchen Kampf Vater ums Bauholz geführt hat, es war unbeschreiblich beleidigend für alle privaten Waldbesitzer, sie waren es schließlich, die den Wald zu hegen und pflegen hatten!

Die Pferde mussten im Winter mindestens jeden zweiten Tag bewegt werden, dass war auch stets am zweiten Weihnachtstag notwendig. Da wurde allerdings nicht den Feldweg raus gefahren, nein da ging's auf die Dorfstraße. Ein schönes gepflegtes Gespann konnte man schon mal zeigen, schließlich war es der Stolz eines jeden Bauern!

Die „theoretische Berufsausbildung" begann ab September, zwei Tage in der Woche war Berufsschule in Neustadt. Es war das älteste und erbärmlichste Schulgebäude, für Bauernkinder gerade gut genug! Es befand sich gegenüber der inzwischen auch abgerissenen „Fortschritt-Berufsschule". Zwei Jahre war Pflicht für Jeden der einen landwirtschaftlichen Beruf erlernen wollte. Lehrverträge wurden „pro Forma" mit den sozialistischen Großbetrieben der Zukunft abgeschlossen. Die hießen LPG „Am Hohwald" oder „Rotes Banner", über die Berufsschule wurde dies „staatlich organisiert"! Außer diesen Lehrverträgen gab es keinen Kontakt zu diesen Betrieben. Nach den zwei Jahren war ich „landwirtschaftlicher Gehilfe" geworden.

Es bestand die Möglichkeit ein drittes Lehrjahr freiwillig zu absolvieren, der Unterricht erfolgte in der Sebnitzer Berufsschule in der Rosengasse. Ich nutzte dies und war danach „landwirtschaftlicher Facharbeiter".

Wir hatten zwei Berufsschullehrer Heribert Rudolph, ein Kriegsvertriebener Umsiedler, nebenbei auf einem Hof als Wirtschafter tätig. Nach Beendigung der ersten zwei Jahre habe ich ihn nicht mehr gesehen. Erst 16 Jahre später, ich hatte gerade mein Fachschulstudium beendet, da tauchte er plötzlich im Büro der „kooperativen Abteilung Pflanzenproduktion" (KAP) in Langburkersdorf auf. Ich wusste nicht was er all die Jahre getrieben hatte. Er erkundigte sich nach der politischen Position meines Fachschulmentors. Ich sagte ihm, dass er alles daran setzt hohes Fachwissen und eine fundamentierte Ökonomie zu vermitteln. Als ich meinen Mentor wiedersah erzählte ich ihm davon.

Da wurde der fuchsteufelswild und sagte „dieses schmierige Stasi-Schwein"!

Er hat ihn danach zur Rede gestellt, dass kam bei mir wieder an. Der Herr Stasi - Heribert war mit mir allein im Büro gewesen und wusste genau das nur ich geplaudert haben konnte. Seither hatte ich keine Berührungspunkte mehr mit dieser „Fraktion". Man hat mich wohl als „undicht" eingestuft, dass war mir gleichgültig.

Ich habe auch nach der Wende meine Stasiakte nicht angefordert, wie auch immer mir war es egal. Ich denke nach nun mehr als zwanzig Jahren sollte man diese Akte schließen. Man bekommt ja das Gefühl, mit dieser unrühmlichen Vergangenheit will man von all den heutigen Unmöglichkeiten ablenken!

Der zweite Berufsschullehrer war Franz Jahnich aus Hohnstein, wohl damals kurz vor der „Sechzig", mit viel Lebenserfahrung und hohem Fachwissen. Ich höre noch heute wie er sagte, „und Eines merken sie sich, die Kartoffel ist wie eine vornehme Dame, sie will ein weiches Bett haben"!

Franz Jahnich war es, der mit uns Bauernkindern eine einwöchige Reise nach Thüringen unternahm, kaum Einer von uns war jemals weggewesen, Urlaub für Bauern ein Fremdwort. Die Reise ging per Bahn nach Gotha, Rudolstadt, zum Inselsberg und zur Wartburg. Eines der schönsten Erlebnisse meiner Jugendzeit.

Franz Jahnich mit seinen Schülern im Hintergrund die Wartburg

Er war es auch der im Winter einen einwöchigen „Melkerkurs" im VEG Dittersbach beim anerkannten Melkermeister Paul Gäde organisierte.

Meine Entlohnung während der dreijährigen Lehrzeit , 50 Mark Taschengeld pro Monat bei freier Kost und Logis. Allerdings bekam ich zu meinem 18. Geburtstag eine niegelnagelneue 250er ES geschenkt, sie kostete 3600,- Mark. Auch auf diese Weise kann Anstrengung und Arbeit honoriert werden. Ich war überglücklich!

Der jugendliche „Kick" war damals die 350ziger Jawa, dass wollten meine Eltern nicht wegen der vielen Unfälle, die meist wegen jugendlicher Raserei passierten.

Mit 16 Jahren hatte ich die damalige Fahrerlaubnisklasse 1, das war „Motorrad" erworben. Die gab es mit der Beschränkung „bis 150 ccm", bis zur Vollendung des 18. Lebensjahres und kostete 48,-Mark. Mit 18 erwarb ich die Klasse 5 und konnte nun alles fahren außer Omnibus, dies kostete um die 180,-Mark einschließlich der Fahrstunden. Ich denke es ist erwähnenswert, bei den heutigen Horrorpreisen für Fahrschulausbildungen mit ihren irritierenden Fangfragen! Es folgten noch einige Speziallehrgänge für landwirtschaftliche Großmaschinen.

Meine ersten Berührungen mit Technik waren die Motorräder meines Vaters, ab der 7. Klasse durfte ich, nachdem ich am Sonntagvormittag geputzt hatte auch mal eine Runde fahren. Erst war es eine198ccm NSU, später kaufte er eine 125er RT. Die NSU hatte drei Gänge, den Schalthebel seitlich am Tank. Ich fuhr bis hinter die Bahn, auf dem Rasenweg vorm Wald wahr wohl noch Tau und der dritte Gang zu schnell, noch schneller flog ich samt Motorrad ins Kornfeld. Davon habe ich wohlweislich nichts erzählt, es war überhaupt mein allerersten Sturz.

Vater hatte 12 bis 13 Milchkühe und gleich nach seiner Betriebsübernahme Weidewirtschaft eingeführt. Gleich hinterm Hof waren knapp zwei Hektar, das andere Weideland übern Berg, zwischen Himmlerweg und Bahn. In der Talsenke vom Himmlergraben durchzogen . Mit großen Granitsteinen haben wir als Viehtränke ein Stück Böschung beidseitig des Wassergrabens befestigt und morastfreie Tränken gebaut.

Hinterm Hof wurde im Frühjahr, wenn das Gras handhoch war aufgetrieben, zuerst nur einen halben Tag, um den Tieren genügend Zeit für die Futterumstellung zu geben. Das war ein Freudenfest für die Tiere, wenn sie nach dem langen Winter abgekettet wurden und raus in Gottes freie Natur rannten!

Da trieben sie sprichwörtlich „ihr Kalb aus", es hieß schon mit einigen Leuten aufpassen, dass sie in ihrem Übermut nicht den Zaun durchbrachen, meistens beruhigten sie sich schon nach kurzer Zeit und sie fingen ruhig an zu grasen. Hinterm Berg wurde vom 1. Aufwuchs Heu gemacht. Zum zweiten Aufwuchs wurde dort geweidet, die „Wechselweide" reduzierte das Problem der „Geilstellen" und brachte über die Jahre einen leistungsfähigeren, gesünderen Grasbestand.

Gemolken wurde mit der Hand, die letzten Schuljahre durfte ich schon mal ein, zwei, Kühe mit melken. Noch durfte ich mir die Tiere aussuchen, die sich leicht melken ließen. Das „melken fahren" erwies sich bald als Problem, Vater hatte zwar die alte Kutsche zum leichten „Melkwagen" als Einspänner umgebaut, aber wenn beide Pferde auf dem Acker gebraucht wurden, passte es nicht. Früh hatte Eines keine Zeit um in Ruhe zu fressen und abends sollten sie auch ihre wohlverdiente Ruhe haben, nach einem vollen Tag auf dem Acker!

So kam es schon vor, dass der Handwagen mit dem „Milchzeug" manuell übern Berg gezogen wurde. Wir Kinder durften kräftig schieben, das ging wegen der Schule allerdings auch nur abends. Ein drittes Pferd anschaffen, hätte eine Kuh weniger auf dem Hof bedeutet wegen dem Futterbedarf und das Ganze wäre ein erheblicher finanzieller Verlust gewesen.

So kaufte Vater Mitte der fünfziger Jahre ein altes Motorrad und besorgte sich einen Seitenwagen dazu. Es war ein D-Rad, mit einem 500ccm Viertakt-Motor. Diese Motorräder wurden in den 30iger Jahren in Berlin gebaut und sind heute fast nur noch in Museen zu bestaunen. Ein dritter Sitz und das „Milchzeug" im Beiwagen ging's übern Berg zum melken.

Eine Melkanlage für „Einzelbauern" gab es offiziell nicht, es ging nur über „zusammenstoppeln" aus Ersatzteilen und da wurden „Beziehungen" gebraucht!

D-Rad aus den 1930ern

Anfang der 1960er Jahre war es soweit, es gab die Möglichkeit drei Melkkannen und einen Kompressor zu erwerben. Im Stall wurde eine Vakuumleitung installiert, so ging das melken schneller und wesentlich leichter. Zum Weidemelkbetrieb wurde der alte Kleewagen umgebaut, er war durch einen „Gummiwagen" ersetzt worden. Der Weidemelkwagen bekam vorn eine Holzbude für den Maschinensatz, der bestand aus einem RT-Motorradmotor mit einem Kompressor über Kette gekoppelt und am Wagen hinten die Vakuumleitung mit Anbinderingen für die Tiere. Dieser Melkwagen war eine meiner ersten „Neuerungen" die ich selbständig baute.

Auf der Weide erwies sich so was Mobiles als sehr vorteilhaft, man konnte den leichten Wagen zum melken schnell, auf eine weitgehend vom Kuhdung freie Stelle schieben. Man hatte zwar kein Dach übern Kopf, ersparte sich allerdings die Kosten für einen stationären Melkstand, was immer mit hohem Reinigungsaufwand nach jedem Melken verbunden ist. Auch das widrige Problem der Melkhausabwässer gibt es nicht und lange, morastige Triebwege fallen gänzlich weg. Riesenvorteile der Kleinbäuerlichen Wirtschaftsform, wie sich Jahre später bei den großen Kuhherden der LPG zeigte!

Schon ab der 7. Klasse durfte ich nach der Schule das D-Rad einschließlich Milchzeug mit aufs Feld bringen. So konnte nach Beendigung der Feldarbeit gleich gemolken werden, den Pferden war die Freude anzumerken, wenn sie ihr Geschirr los wurden und derweil auf der vorhergehenden Koppel Geilstellen nach fressen durften. Es war im Frühjahr 1962, ich fuhr nach der Mittagspause mit dem Gespann aufs Feld, plötzlich, gleich hinterm Hof lahmte Puppi, das Handpferd hinten links. Ich sagte „brr", stieg vom Wagen, machte die Stränge los und nahm das Bein hoch. Sie hatte sich einen alten Nagel eingetreten, er steckte im Huf gleich neben dem Strahl. Ich machte die Zügel am Wagen fest und lief zurück zum Hof, holte eine Zange, Desinfektionsmittel und Holzteer. Nachdem ich den Nagel entfernt hatte, desinfizierte ich die Einstichstelle und versiegelte mit Holzteer. So versorgt war alles wieder in Ordnung, nach etwa einer Woche lahmte die rassige zwölf Jahre alte Stute erneut.

Es wurde der Tierarzt hinzugezogen. Der Huf hatte sich innerlich entzündet, alle Behandlungen schlugen fehl. Damals gab es in Dresden eine Tierklinik, auf Anraten des Tierarztes wurde das Tier dort eingewiesen.

Beim Verladen zum Transport nach Dresden war die Stimmung mehr als niedergeschlagen. Keiner sprach ein Wort und es sollte ein Abschied für immer werden. Drei Monate in der Klink hatten keinen Erfolg. Selbst heute, 41 Jahre danach bin ich beim schreiben dieser Zeilen auch nicht gerade der Fröhlichste.

Im April 1945 als erst die Russen und dann die Polen durchzogen wurde geplündert, gemordet und vergewaltigt. Alle Zugtiere sowieso mitgenommen, es ist für Alle die es nicht leibhaftig erlebt haben schwer vorstellbar. Ich war damals noch keine zwei Jahre alt, kenne es also nur aus Berichten von Zeitzeugen.

In Neustadt stieß die vorrückende „Rote Armee" auf Gegenwehr, der Vormarsch kam in Berthelsdorf ins stocken, es wurde rechts und links ausgeschwärmt, Geschütze in Stellung gebracht und gefeuert. Marianne Schönert sagte mir, auf der Wiese zwischen der Scheune von Marx Helmut und Müller Max seinem Grundstück hatte man Artillerie in Stellung gebracht und das Feuer eröffnet. Im Niederdorf wurde Lindemanns Haus getroffen. Lange Jahre stand in Garten noch ein Stück Mauerruine als Mahnmal! In Neustadt war es die ehemalige Schillerschule an der Ecke Kaulischstraße und fast alle Gebäude rings um den Markt, die in Schutt und Asche gelegt wurden.

Die Bauernhöfe hatten als „Ersatz" für die eingezogenen Männer Kriegsgefangene zum arbeiten bekommen. Diese waren in Sammellagern untergebracht, das nächste Lager war hier die Scheune vom Erbgericht, sie stand auf dem heutigen Parkplatzgelände. Mutter erzählte mir, dass diese Menschen laut Anweisung der Nazis, nicht mit am Tisch der bäuerlichen Familien essen durften! So was hat es bei uns nicht gegeben, sagte sie, schließlich mussten sie ja auch mit arbeiten. Mit einem polnischen Mädchen hatte es mal Diskussionen wegen schlechter Arbeitsdurchführung gegeben.

Als die polnischen Truppen nach den Russen durchzogen ist sie mit einem Polen zur „Abrechnung" erschienen. Mit vorgehaltenem Revolver hat er mit ihr in der Küche gestanden, ein langes Hin und Her, erschwert durch die Sprachbarriere, die Todesdrohung war perfekt. Letztendlich hat mich Mutter auf den Arm genommen und ihm den Rücken zugekehrt während er noch lange die Pistole in seiner Hand hin und her gedreht hat! So der Bericht meiner Mutter.

Meine Mutter Ella mit mir

Es mussten also zunächst Kühe angespannt werden, was es an Pferden gab, waren von den Truppen zurückgelassene, meist kaum brauchbare Tiere, die sicher auch fruchtbares erlebt hatten. So musste man sich schlecht und recht behelfen. Gute Zugtiere waren nicht vorhanden. Ein zugekauftes Pferd erlitt einen Kreuzverschlag, der Tierarzt wollte es zur Ader lassen. Es war unter großen Anstrengungen bis in den Stall gebracht worden wo es lag.

Angeblich konnte der Aderlass nicht im Liegen vollzogen werden, mit Hilfe von Gurten wurde es auf die Beine gestellt. Sicher hatte das Tier großen Stress und Schmerzen, denn als es hochgehievt war, sprang es über die Standabgrenzung und brach sich dabei mehrere Rippen, die sich beim wieder hinlegen in die Lunge gespießt haben. Das Pferd musste notgeschlachtet werden! Das zweite vorhandene war alt und nicht zugfest. Mit dem Ziel sich selbst ein neues Gespann heranzuziehen, kaufte Vater Ende der Vierziger Jahre eine Stute bei Busch Karl. Es musste weitergehen, das fromme Tier hieß Gretel und machte meinem Cousin Gottfried, der damals auf dem Hof als Kutscher arbeitete, ein schönes Ostergeschenk. Gretel hatte in der Nacht zum Gründonnerstag 1950 ihr erstes Fohlen geboren. Das war eine Aufregung am frühen Morgen, alle wollten die „Puppi“ bestaunen. Sie war nun der Mittelpunkt des Hofgeschehens, sie wurde gehätschelt und verwöhnt. Meine großen Schwestern hatten sich mit Gottfried gehänselt und ihm gesagt, dass er nichts vom Osterhasen bekommt. Er konterte nun prompt und verkündete lauthals, er habe doch das schönste Ostergeschenk bekommen!

War dann im Sommer die Milch früh morgens von der Weide eingetroffen, ließ Gottfried sie aus ihrer Boxe frei und sie kam übern Hof in die Küche sich ihren Anteil hohlen. Nicht nur wir Kinder hatten unsere Freude daran, auch die gesamte Nachbarschaft freute sich mit. Sie wurde ein Rassepferd, groß, feingliedrig, trotzdem stämmig und zugfest. Im Straßenverkehr hatte sie allerdings einen nicht zu unterschätzenden Fehler, Fahrzeuge mochte sie nicht. So wurde sie zur „Hand“ also rechts eingespannt, da konnten Autos von vorn und hinten kommen, das ging. Stand Eines am Rand und sie musste dran vorbei, scheute sie, zog ihren Kopf mit dem „Gebeese“ an die Brust und war nun kaum zu bändigen.

Ob sie mal erschrocken war oder wie man munkelte, eine negative Erbanlage von Vaters Seite mitbekommen hatte bleibt ihr Geheimnis. Ein Jahr später feierte Gretel wiederum Hochzeit und es kam wieder ein

Stutfohlen zur Welt, sie hieß Lotti. Sie war fülliger als Puppi, hatte ja auch einen anderen Vater.

Puppi als Zweijährige

Beide zusammen wurden ein herrliches zugfestes Gespann, ja es war Vaters Stolz!

Lotti war beim striegeln unterm Bauch kitzlig, das mochte sie nicht, als ich sie einmal nicht im Auge hatte, biss sie mich als „Dankeschön" fürs putzen in den Oberarm. Da sangen die Engel das „hohe Lied"! Man hatte als „ Osterjunge", heute nennt man es „Azubi" so manches aufregende Erlebnis mit zwei jungen, feurigen Pferden. Vater hatte eine

Netzegge neu gekauft, mein Auftrag war auf dem letzten Schlag vorm Wald Kartoffeln striegeln. Das ging eine ganze Zeit recht gut, das Dreiviertel war schon geschafft, da scheuten beide Pferde beim wenden am Wald. Sicherlich durch ein Tier was sich im Versteck der Bäume beweget hatte. Nur mit Mühe konnte ich die Pferde bändigen, erst musste ich beiseite springen, weil die Egge sich hochkant überschlug und hatte dann meine liebe Not sie zu beruhigen. Die Netzegge war ein einziger Knäul! Stundenlang habe ich mich gemüht sie wieder „auszufitzen".

Tante Frieda hatte auf der anderen Dorfseite einen halben Hektar Feld, sie bewirtschafteten ihn seit einiger Zeit nicht mehr selbst. Wir hatten Wiese angesät und ich sollte dort Heu wenden, mit dem Einspänner- Gabelwender. Vater sagte noch, fährst aber bei Hänsels durch, nicht die Valterstraße. Dies tat ich auch, allerdings nur auf dem Hinweg, warum auch immer ich heimwärts den Valter nahm, ich weiß es nicht. Das sollte schlimme Folgen haben, allerdings auch noch sehr viel Glück im Unglück beinhalten. Den steilen Berg runter saß ich auf dem hochbockigen Wender, der keine Bremse hatte, plötzlich scheute Puppi, legte das Kinn an die Brust und war nicht mehr zu halten! Es war ein Glücksumstand, dass sich Niemand auf der Straße befand.

Im gestreckten Galopp ging es talwärts, durch mein starkes ziehen an den Zügeln rasten wir ganz rechts die Straße lang. Dann stieg das rechte Wenderrad auf den Hang auf, grad beim jetzigen Grundstück Förster, für mich wurde es gefährlich, im letzen Moment sprang ich mit einem Riesensatz vom Wender auf den angrenzenden Hang. Zu meinem Glück war damals das Grundstück unbebaut, ich landete auf dem Gras und im selben Augenblick stürzte der Wender um. Die Gabeldeichseln zersplitterten, funkensprühend schlitterte das eiserne Gestell hinter Puppi her, dass sie vom Krach noch mehr erschrak und noch schneller wurde. Ich hatte meinen Absprung gut überstanden, nun rannte ich, so schnell ich konnte hinterher. Am Geländer der Brücke des Lohebaches stand sie schlotternd mit Schaum vorm Maul. Nur langsam konnte ich sie beruhigen. Das Geschirr lösen brauchte seine Zeit, dann führte ich sie in ihren Stall. Was war geschehen, der LKW vom Rudolph Otto stand vor seiner Garage und die Plane wedelte im Wind!

Ein andres Mal war in Neustadt etwas abzuholen, es muss sich um etwas Schweres gehandelt haben, denn wir fuhren zu Zweit, was sonst nicht üblich war. Vater und ich, beide saßen wir vorn auf dem

Tafelwagen, im leichten Trab ging es Richtung Neustadt. Kurz vorm Erbgericht überholt uns ein Lieferwagen mit wedelnder Plane, zieht ganz knapp vor uns nach rechts rüber bremst scharf und hält vorm Erbgericht. So viel Dummheit von einem „Kraftfahrer“ konnte Puppi nicht begreifen, sie legte ihren Kopf an die Brust und im gestreckten Galopp ging's um die Kurve, erst hinter Pauls Hof brachten wir sie zum Stehen! Nur mit knapper Not entgingen wir einem Absturz in den Vorgarten der Bäckerei. Wieder hatten wir großes Glück, es war niemand auf der Straße und auch kein Gegenverkehr.

Eine Begebenheit möchte ich noch schildern, die ich nur nacherzählen kann, da sie Vater passiert ist. Er war auf dem Weg nach Rückersdorf zu Gottfried, er hatte nach Rückersdorf geheiratet. Vor irgendwas im Wald sind die Pferde erschrocken und ab ging's durch den Busch nach Rückersdorf. Günter, der Kutscher vom Rückersdorfer Feldnachbarn, sah die „Durchgeher“ kommen, es gelang ihm sie aufzuhalten. Er wurde dann etwas später Hauswald Fritz sein Schwiegersohn!

Als Puppi im Sommer 1962 nicht mehr wahr musste Ersatz her. Vater war ja vor zwei Jahren in die LPG Typ 1 gezwungen worden, wie nun weiter? Zur LPG später mehr.

Der zeitlichen Entwicklung entsprechend sollte es nun ein Traktor werden, die DDR-Industrie fertigte entsprechend den „Parteibeschlüssen“ nur Großtechnik für die „sozialistische Landwirtschat“ und die reichte nicht hinten und nicht vorn. So gab es nur die Möglichkeit was „Gebrauchtes“ zu kaufen.

In letzter Zeit, seit ich im Besitz der Fahrerlaubnis war, hatte ich manchmal als „Schichtfahrer“ bei der Maschinen-Ausleih-Station, (MAS) gearbeitet. Diese Einrichtung wurde als der „Stützpunkt der Arbeiterklasse auf dem Lande“ propagiert. Die Schicht begann mit Feierabend des Stammfahrers und ging meist bis gegen Ein Uhr. So lockte mich natürlich auch ein eigener Traktor auf dem Hofe.

Die LPG hatte im Norden „Alttechnik“ geholt, weil die von den Horden der „Werber“ versprochenen Technikzuführungen ausblieben. So knüpften wir an diesen Beziehungen an.

Mein Vater Fritz mit dem 22er Deutz

Inzwischen hatte es eine richtige „Bauernhochzeit“ auf dem Hof gegeben, Günter und Gisela hatten sich das „Ja-Wort“ gegeben. Günter wohnte nun mit auf dem Hof und packte neben seiner Arbeit kräftig mit an.

Bei der Heuernte, auf der Fuhre Dorothea,
an den Zügeln Vater Fritz, das war vor dem Deutz

Mit meiner ES fuhren wir gemeinsam in den Norden der Republik auf Traktorsuche. Mit einem zweifelhaften Zwischenhändler, der in Anklam wohnte, fuhren wir zu einem Hof in der Umgebung. Dort wohnten nur noch ein paar sehr alte Leute, die Hilfe nötig gehabt hätten. Die Kinder waren vor dem „Mauerbau" in den Westen abgehauen. Der 22er Deutz stand auf drei Beinen mit Kurbelwellenbruch im Schuppen, eigentlich ein Fall für den Martinofen, wir kauften ihn!

Als ich ihn auf dem Neustädter Bahnhof abholte war das zweite Vorderrad auch noch abgebrochen. Zur genossenschaftlichen Feldarbeit fuhr ich einen RS 14-30, mit diesem und dem Abschleppwägelchen vom „Hammer-Erich" aus Polenz transportierte ich das Vehikel nach Hause.

Es wurde ein völliger Neuaufbau, der allerdings Vaters finanzielle Möglichkeiten fast überstieg. Mit viel Einfallsreichtum und Enthusiasmus wurde jede mögliche Stunde zur Bastelei genutzt. Mit Baugruppen wechseln wie es heute üblich ist hatte dies nichts zu tun. Beim Aufarbeiten und Neuanfertigen stand Günter Pomsel als gelernter Schlosser zur Seite. Ihm habe ich vieles abgeschaut und mir angeeignet, mit den Augen kannst du „Mausen" hatte man mir einmal gesagt! Im Laufe der Jahre habe ich mir soviel angeeignet, dass auch Motorenschlosserei kein Problem mehr darstellte.

Der Deutz hatte ein Stock-Getriebe Baujahr 1936. Es besaß Heck- und Zwischenachszapfwelle, sowie einen seitlichen Riemenabtrieb. Teile eines alten Pferdegrasmähers baute „Maschinen-Richter" in Langburkersdorf so an, das ein leistungsfähiges Mähen möglich war. Eine Vakuumpumpe installierte ich unterm Fahrersitz am Riemenabtrieb zum Melken auf der Weide. Das D-Rad hatte nun ausgedient. Aus Platzgründen wurde es verschenkt, über diese Dummheit habe ich mich schon manchmal geärgert. Kurze Zeit später hatte es sein Leben ausgehaucht, es hätte können ein richtiger Oldie werden!

Auf das schon erwähnte Mähwerk möchte ich noch eingehen. „Schweiß-Richter" wie er auch genannt wurde, hatte Halterungen an den gusseisernen Gehäuseteilen des Getriebes angeschweißt, wir waren anfangs sehr skeptisch, es ist nicht gelogen, wenn ich sage es hat bis heute ohne jegliches nachschweißen gehalten. Meine Hochachtung! Das „Mähen" ging wie geschmiert, jemand hinterher laufen und ständig harken, wie seinerzeit üblich, gab es nicht. Nach Jahren hatte ich keine Mähfinger mehr als Ersatz und wir kauften einen neuen „Fortschritt-Mähbalken" die Aufhängung passend gemacht und los ging's.

Welche Enttäuschung, alleine ging gar nichts, selbst mit abharken kamen wir nur schlecht vorwärts. Das kannte ich nicht, kurzerhand wurde die Arbeit abgebrochen, der alte Balken wieder angebaut und der Neuerworbene verkauft, ich wollte ihn nicht mehr sehen! Wut hatte ich im Bauch wegen der verlorenen Zeit und des Geldes.

Die Mähfinger die damals im Neustädter Fortschritt Werk geschmiedet wurden waren viel zu klobig. Warum wohl, hatte der Stahl nicht die notwendige Qualität? Es gelang mir danach einen alten „Deering“ Balken zu ergattern und das Ersatzteilproblem war geklärt.

Mit dem Deutz beim Schneeräumen

Mit dem Einzug der „Traktorentechnik“ wurde die Arbeit leichter und ist schneller fertig, aber eines ging für alle Zeit verloren, die Ruhe bei der Feldarbeit!

Das Frohlocken der Natur, das Bellen eines Fuchses oder Rehbockes, das Surren der Insekten , das Zwitschern der Vögel , das rufen des Kuckucks , dies Alles, ja selbst das Fiepen einer Ricke oder das plötzliche aufflattern einer Schar Rebhühner hört man nicht mehr!

Mit Wehmut denke ich an die Zeit der Pferdegespanne, geprägt von körperlicher Anstrengung und doch versehen mit wohltuendem Balsam für die Seele, die Augen und die Ohren, stets an frischer Luft ohne Krach und Dieselgestank!

Fitness- und Sonnenstudio absolut überflüssig, die Natur und die körperliche Tätigkeit liefern all dies gratis.

Die familiäre und wirtschaftliche Entwicklung des Hofes nach dem LPG- Eintritt und der Generationswechsel

Günter und Gisela wohnten noch auf dem Hof, beide packten kräftig mit an. 1964 erkrankte Mutter an Krebs. Gisela pflegte Mutter bis zu ihren Tod 1967. Genau zu der Zeit als Mutter erkrankte, wurde ich wehrpflichtig. Ein Jahr Zurückstellung wurde gewährt.

Diese heimtückische Krankheit ist nicht mit Worten zu beschreiben. Heute Fünfzig Jahre später, ist deren Verlauf nicht anders. Das schlimmste, die Medikation und Therapie ist kaum vorangekommen. Die Chemotherapie kommt einer mittelalterlichen Folter gleich und das im Zeitalter wo der Mensch nach den Sternen greift!

Was ist dran, an den Unterstellungen der „Verschwörungstheoretiker", die behaupten, dass es so gewollt ist, nur weil gewisse „Lobbys "am Elend der Anderen milliardenschwer verdienen und weltweit ein „Netz von Unmöglichkeiten" installiert haben?

Rechts im Bild, hier bin ich Genosse Flieger, die Anrede war stets Genosse und Dienstgrad oder Genosse und Name, Flieger begründete sich auf der Zugehörigkeit zu den Luftstreitkräften

Die Frage scheint berechtigt warum die Chemotherapie nicht schon längst als Pseudowissenschaft eingestuft wurde, wo doch die Erfolgsquote kaum für eine zuverlässige Therapie spricht und die Patienten nicht selten per Chemie zu Tode therapiert werden!

Wie zu „Wehrmachts- Zeiten" interessierten familiäre und bäuerlich-betriebliche Umstände überhaupt nicht!

Wie viel Menschenverachtung schlägt sich seit eh und je in diesen Praktiken nieder, es muss der „Teufel" persönlich gewesen sein, der Rekrutierung und Krieg erfunden hat. Oder waren es „Menschen" die sich in die Position seiner Stellvertretung aufgeschwungen haben und zu ihren Völkermorden gar noch den „Gottes Segen" eingeholt haben. Waffensegnungen sind geschichtlich mehrfach überliefert, auf dem Koppelschloss der Uniform der Hitlerwehrmacht stand ja auch „Gott mit uns"!

Meine große Schwester Dorothea heiratete 1958 nach Oberottendorf in Sengebodens Hof.

Dorothea hier als Kutscher

Eine Bauernhochzeit wurde ausgerichtet, mit einem großen Polterabend und einer zünftigen Hochzeitsfeier. Im Alter von zwanzig Jahren übernahmen Thea und Wilfried den seit dem 16. Jahrhundert im Familienbesitz unter dem Namen Sengeboden eingetragenen Hof. Wilfrieds Vater war im zweiten Weltkrieg gefallen, viele Jahre hatte die starke Hand des Bauern auf dem Hof gefehlt, in Folge dessen war es alles andere als ein leichter Anfang! Selbst stark hilfebedürftig, konnte sie Vater nicht beistehen. Meine andere Schwester Lieselotte litt an einem angeborenen Sehfehler, der im jugendlichen Alter zur totalen Erblindung führte.

Jung an Jahren und voller Zuversicht, hatte ich Karin Werner beim Tanz im Putzkauer Erbgericht kennen gelernt. Sie wohnte in Neukirch, war Kriegswaise, ihr Großvater Walter Werner hatte das Sorgerecht übernommen. Er war eine fröhliche humorvolle Natur, arbeitete in „dr Fabrike" als Weber. Oberlausitzer Mundartgeschichten, in Vers und Reim, wurden in den Fünfziger - und Sechziger Jahren zu seinem Hobby. Schon immer wollte ich seine Verse der Nachwelt erhalten, einige Male angefangen, ist es nun im Winter 2012/13 als Rentner gelungen, seinen Nachlass zu bündeln.

Das Buch heißt „ Leinewabr, Ziegnhaltr und andr Vrickte", 60 humorvolle, teils hintersinnige Geschichten, aus dem Oberlausitzer Alltag, in Vers und Reim. Natürlich in Neukircher Mundart, ein Büchlein mit 139 Seiten.

Karin und Bernd 1965

Nun ja, ich habe es schon so halb verraten, Karin und ich heirateten im Frühjahr 1965, wieder eine richtige Bauernhochzeit auf dem Hofe. Gleich anschließend verbrachte ich meine „Flitterwochen" im Bautzener „Husarenhof". Die Offiziersschule „Franz Mehring" der NVA mit ihren Standorten Kamenz, Bautzen und Rothenburg (bei Niesky) war im rückwärtigen Dienst für die Pilotenausbildung zuständig. Im „Lichtmittelzug" des Flugplatzes Litten durfte ich dem Wohl der Republik dienen.

Die Wehrpflichtzeit der „Nationalen Volksarmee" der DDR war 18 Monate, der Sold betrug 60 Mark im Monat, wurde man zum Gefeiten befördert waren es 10 Mark mehr. Davon wurde der Beitrag für die DSF und Zeitungsgeld abgezogen! Nach Ableistung des Grundwehrdienstes konnte man zum sogenannten „Reservistendienst" immer wieder für ein viertel Jahr eingezogen werden, davon bin ich verschont geblieben.

Im August wurde unser Sohn Lutz geboren. Während meiner Armeezeit blieb Karin noch in Neukirch. Nach meiner Entlassung, im Herbst 1966 siedelte sie um, auf einen Berthelsdorfer Bauernhof, als gelernte Weberin. Zunächst lebten wir als Großfamilie, wie seit alters her auf Höfen üblich, natürlich mit einer „eigenen Schlafkammer"! 1967 im Februar wurde unsere Tochter Ute geboren und im November starb Mutter im Alter von 52 Jahren. Wie Nahe beieinander liegt doch Werden und Vergehen.

Günter und Gisela hatten 1966 in Neustadt ein Haus gekauft, welches sie nicht beziehen konnten, weil Mieter drin wohnten. Wohnraum wurde zu dieser Zeit noch „staatlich", vergeben. Eine Wohnung gab es nur über „Wohnungsantrag" bei der jeweiligen Kommune, wenn nichts frei wurde oder die Behörde nicht wollte, weil „die erforderliche Notwendigkeit" nicht vorlag, konnte es Jahre dauern!

1968 zog die Mieterin von Neustadt nach Berthelsdorf, so kam aus kommunaler Sicht ein „Wohnungstausch" zustande und die neuen Hauseigentümer konnten einziehen. Wäre die Mieterin in einen X-beliebigen anderen Ort gezogen, hätte es keine „Zuzugsgenehmigung" nach Neustadt gegeben! Neustadt war durch das VEB „Kombinat Fortschritt" im Wachsen begriffen und die Schaffung von Wohnraum durch die Errichtung von „Plattenbauten" setzte erst allmählich ein. Die Wohnraumschaffung war einst eine dringliche Notwendigkeit. Sie wurde mittels Parteitagsbeschlüssen auch unter dem Mango wirtschaftlicher Stagnation durchgesetzt. Ein wirtschaftliches Verlustgeschäft bei den politisch gewollten billigen Mietpreisen war sie sowieso und nicht nur ich glaube, dass sich die DDR Führung mit ihrem „Wohnungsbauprogramm“ absolut übernommen hat!

Der private Vermieter konnte von diesem Mietzins kein Haus erhalten und schon gar nicht eine Sanierung durchführen, so blieben Werterhaltungsmaßnahmen über Jahrzehnte weit unter der erforderlichen Notwendigkeit. Das Resultat, alle wollten in so eine spottbillige moderne Neubauwohnung, es setzte eine Landflucht ein und nicht nur das, auch in den Städten wurde der Drang immer stärker eine Altbauwohnung aufzugeben, die Altstädte wurden zu Geisterstadtteilen, dem Verfall preisgegeben! Soviel Neubauwohnungen wie plötzlich gebraucht wurden, konnten nicht erschaffen werden!

Nach wie vor kommt es dort, wo ein politisches Ziel mit Druck durchgesetzt wird, ob mittels Sanktionen oder mit Hilfe von Fördermitteln zu wirtschaftlichen Fehlentwicklungen die der Steuerzahler teuer bezahlt!

Nach der „Wende“ wurden die Plattenbauten größtenteils „saniert“, die Fassaden gedämmt, die Dächer neu gedeckt, neue Fenster eingebaut, die Bäder und Heizungen erneuert, also komplett nach „westlichen Standart“ hergerichtet. Ein reichliches Jahrzehnt später stehen zu viele Wohnungen wegen Abwanderung leer und man beginnt einen Block nach dem anderen abzureißen!

Plattenbauabriss in Bischofswerda , Bautzener Straße , Foto 23.2.2014

Mit Vernunft und Ökonomie hat diese „Sinnlosigkeit", nicht das Geringste zu tun!

Das Wort Politik kommt aus dem Grieschichen und heißt sinngemäß nichts anders als soziales Handeln, das auf Entscheidungen und Steuerungsmechanismen ausgerichtet ist, die allgemein verbindlich sind und das Zusammenleben von Menschen regeln!

Wie sinnvoll wäre es die notwendigen Arbeitsplätze dort zu schaffen wo Wohnraum vorhanden ist , dies würde Spekulationsgeschäfte mit Mietpreisen ,Wohnraum und Pendlerverkehr im Interesse der Arbeitnehmer stark einschränken, läuft allerdings „wahrscheinlich" dem marktwirtschaftlichen Prinzip zuwider .

Vater konnte nun mit Lieselotte in die frei gewordene Wohnung im Obergeschoß ziehen und wir bekamen mit unseren beiden Kindern von der Gemeinde die „Wirtschaftswohnung" zugesprochen.

Karin versorgte den Haushalt, kochte für Alle und half in der individuellen Viehwirtschaft mit. Für Lutz bekamen wir einen Halbtagsplatz in Kindergarten, für Ute gelang uns das nicht. So musste Karin zu Hause bleiben und nähte halbtags Kinderbekleidung in Heimarbeit. Ich arbeitete als Traktorist in der LPG Typ 1. Die Lohnverrechnung erfolgte über „Arbeitseinheiten" und die leistete ich für Vaters Betrieb, um den Futterverteilungsanspruch darauf zu erhalten. Entlohnt wurden wir vom Vater, 500 Mark im Monat, bei freier Wohnung, mehr ging nicht!

1973 erreichte Vater mit 65 das Rentenalter, nun standen wir vor der Frage den Typ1-Bertrieb weiterzuführen oder „aufzuhören", wie es genannt wurde. Keine leichte Entscheidung!

Ein Leben lang konnte ich mich nicht auf einem Traktor der damaligen Qualität durchschütteln lassen. Nach 10 Jahren Traktor fahren hatte ich plötzlich ein Magengeschwür und damit entschied ich mich für eine berufliche Qualifikation. Das Studium begann im Herbst 1972 und Vater wurde im Mai 1973 Rentner. Wir haben lange hin und her beraten, letztendlich gab die sich in der Vorbereitungsphase befindliche 2000er Milchviehanlage den Ausschlag. Nach Inbetriebnahme dieser, gibt es in der Region keinen Typ1-Teil mehr, so die staatlichen Stellen!

Nun dachte ich über das Studienangebot von1961 beim Rüben hacken nach, ich hätte es allerdings nicht angenommen, Vater konnte ich nicht im Stich lassen!

So gingen unsere Rinder und einiges an Technik und Zubehör in den Typ-3 Teil über. Alles wurde geschätzt und protokolliert. Der festgesetzte Inventarbeitrag je Hektar eingebrachte Fläche musste erbracht werden.

Mit Weideauftrieb im Mai 1973 war es dann soweit, unsere Rinder wurden vom Hof getrieben, ein denkwürdiger Tag der mich heute mehr erschauern lässt als damals, weil nun der Ausgang bekannt ist! Wie war wohl meinem Vater zumute und unseren Tieren, die nun in die Hände zum Teil fragwürdiger Melker gerieten und sich in einer großen Herde behaupten mussten. Die meisten Tiere überstanden das nicht lange und mussten einer vorzeitigen Schlachtung zugeführt werden.

Meine Tätigkeit als Brigadier hatte begonnen, nebenbei das 4-jährige Fernstudium. In erster Linie war der berufliche Job zu erfüllen und das ging nicht mit einem acht Stunden Tag! Daneben eine individuelle Viehwirtschaft und die Pflege und Erhaltung des Hofes!

Mein monatlicher Lohn beim Einstieg in die „Leitungstätigkeit“ 600,- Mark! Vergleichbare Verdienste in der Industrie lagen zu der Zeit bei 800 bis 900 Mark. Jedem LPG-Mitglied stand ein „halber Hektar“ zu, zur Selbstbewirtschaftung, in Produkten oder in Geld. Der Stall zu Hause stand leer und so versuchten wir über die Futterveredlung durch den Tiermagen doch einen bessern Erlös zu erzielen. Die Schufterei, die eigentlich laut Versprechungen der „LPG-Werber“ aufhören sollte, wurde nicht weniger!

1978 übernahm ich den Hof vom Vater. Er wurde „gemeinschaftliches Eheliches“ Eigentum der übernehmenden Eheleute, anders ließ es das damals geltende „Zivilgesetzbuch“ der DDR nicht zu. Es trat um 1974 in Kraft und löste alle von der gesellschaftlichen Entwicklung überholten Paragraphen ab, so wurde es jedenfalls erklärt. Negative Erfahrungen damit sind mir nicht bekannt geworden und Jura habe ich nicht studiert. Mit dem „Bürgerlichen Gesetzbuch“ der „Alten“ Bundesländer kamen wir nach der Wende schnell in Kontakt und merkten erst jetzt wie weit in die Feudalzeit diese Gesetze zurückreichen, zumindest erscheint es dem „Ossi“ so!

Der „sozialistische Frühling“
Die „Zwangskollektivierung“ des Bauernstandes 1960
- Der Schritt vom Ich zum Wir -

1952 bildete sich in Berthelsdorf die erste LPG -Typ3. Die Begründer waren durchgängig Neubauern, die 1948 zur „Bodenreform“, 8 Hektar Land vom enteigneten Rittergut und der Mühle Horn erhielten.

Ein Zeichen verfehlter Landwirtschaftspolitik in höchster Potenz. Wenn schon Alle „Großgrundbesitzer“ enteignet werden mussten, konnte man andere Eigentumsformen finden und Vorbildbetriebe entwickeln. Das Vorbild ist bekanntlich das beste Argument und nicht hohle „Werbe-Versprechungen“!

Man kann sich in der ganzen ehemaligen DDR umschauen, überall stehen die Ruinen und Reste dieser Rittergüter als Schandfleck in der Gegend! Dazu kommen die Gebäude und Anlagen der zur Wende liquidierten landwirtschaftlichen Betriebe. Nicht alle haben einen Nachnutzer gefunden, oder mancher betreibt „nur Feldbau“ und die vorhandene Gebäudesubstanz wird nicht benötigt und somit dem Verfall preisgegeben. Bei ehemaligen landwirtschaftlichen Genossenschaften handelt es sich um kollektives Eigentum, um das die „Landeinbringer“ betrogen wurden! Aber auch staatliches Eigentum bleibt da nicht verschont. Das ehemalige VEG „Milchproduktion“ Polenz, eine am 1.9.1978 in Betrieb gegangene 2000ter Milchviehanlage, das „modernste“, was die DDR damals zu bieten hatte, wurde am 31.5.1991 liquidiert! Nach nur reichlich 12 Jahren Betriebszeit, keinesfalls refinanziert, ist sie nun 22 Jahren später ein zugemülltes monströses Spektakel. Nur einige Gebäude wurden durch die Treuhand oder deren Nachfolger an den „Mann gebracht“.

Ein vernünftiges Konzept mit so einer Hinterlassenschaft umzugehen hat es von Anfang an nach der Wende nicht gegeben, zumindest ist so was nicht erkennbar! Konzeptionslosigkeit in höchster Potenz!

Anderweitig wird wertvolles Ackerland durch Bebauung der landwirtschaftlichen Nutzung in unverantwortlicher Größenordnung entzogen. Die Bodenfruchtbarkeit wird durch profitorientierte Monokultur zerstört, dies Alles wird sich schon bald bitterböse am deutschen Verbraucher rächen!

So sieht es 23 Jahre nach der Liquidation aus, einst der Stolz der Sozialistischen Landwirtschaft das VEG Milchproduktion Polenz

Wo sind die staatlichen Revisoren, haben sie Scheuklappen vor den Augen oder wie wurden sie dazu bewegt wegzusehen? Es handelt sich um unser aller Steuergeld, gleich ob es vor oder nach der Wende erarbeitet wurde und das sind nicht nur „Groschen", nein das sind Millionen!

Eine unrühmliche Hinterlassenschaft

Ach her je, wegen ein paar Millionen, wo man doch heute nur noch mit Milliardenbeträgen marode gemachte Banken durch „Grundschuldeintrag“ ins Register des Steuerzahlers saniert!

Nach gültigem bundesdeutschem Recht gehört eine bauliche Anlage dem Besitzer auf dessen Land sie errichtet wurde. Davon gibt es am Standort des ehemaligen VEG Polenz so ca. fünfzehn!

Die Hochsiloanlage , das noch heute weithin sichtbare Wahrzeichen

Viele Landeigentümer oder deren Erben haben nun gedacht, beim Verkauf bekomme ich richtig Geld, vielleicht nicht nur fürs Land, nein eventuell gleich für die Bausbustanz mit!

Was wurde im „Einigungsvertrag“ versäumt zu regeln? Andererseits muss ich aus Erfahrung heraus sagen der Staat hat Möglichkeiten, so man nur will! Beim Landentzug zum Bau der Ortsumfahrung bzw. des Autobahnzubringers, Neustadt - Anschluss A 4 Burkau hat man mir gleich zu Beginn der Verkaufsverhandlungen gesagt, wenn sie nicht verkaufen wird enteignet! Der staatliche Aufkaufpreis, 1Ct pro Bodenpunkt und Quadratmeter. Die Bodenwertzahl liegt hier im Durchschnitt bei 39 und es kommt einer Enteignung sowieso sehr nahe!

Nun habe ich in meiner Rasche schon den Ausgang der landwirtschaftlichen Kollektivierung vorweggenommen, jetzt zurück zur zeitlichen Entwicklung.

Nach den Neubauern, traten einige Bauern der LPG Typ3 bei. Dies waren die Betriebe Busch Karl, Böhme Erich, Marx Gerhard und Berger Karl. Gemeindeeigenes Land und herrenlose Betriebe wie Marx Helmut bekam die LPG zur Bewirtschaftung. Das Eigentum Republikflüchtiger fiel laut damaligem Recht an den Staat.

Meist handelte es sich um Betriebe denen das Wasser „Oberkante Unterlippe“ stand. Damit war sehr zur Verzweiflung von „Partei und Regierung“ kein Staat zu machen!

Man brauchte also die guten Bauern, um bei der Durchsetzung der festgelegten politischen Linie voranzukommen. So wurde hier in der Region im März-April 1960 zum Generalangriff „geblasen“!

Horden von „Agitatoren“ fielen wie Heuschrecken in die Dörfer ein und nahmen die meist nicht so wortgewandten Bauern in die Mangel. Vom Himmel geholte Versprechungen aber auch Repressalien, Drohungen mit dem Staatsanwalt und Verhaftungen waren an der Tagesordnung. Drei bis sechs Mann nahmen stets einen Bauern in die Zange, stellten wortfängerische Fragen und drehten dann den Spieß um! Man musste die „dummen Bauern“ von ihrem sturen Festhalten am Besitz wegbringen und zu ihrem „Glück“ zwingen! Man spielte natürlich auch Einen gegen den Anderen aus, es war jedes Mittel recht, auch die Lüge.

Damals war ich 17 Jahre alt und kann mich noch sehr gut erinnern, an das Ausschwärmen der „Alligatoren“, oh Verzeihung Agitatoren. Als Gesprächspartner war immer der Eigentümer gefragt, ihn galt es weich zu klopfen, Diskussionen mit dem Rest der Familie ging man möglichst aus dem Wege!

Die Agitatoren waren ein ausgewählter Personenkreis, der zumindest äußerlich fest zu den Zielen von Partei und Regierung stand. Es waren, Parteifunktionäre, Mitarbeiter der Staatsorgane aber auch Großbetriebe, wie das „Fortschrittwerk“ hatten Kader abzustellen. Die Stasimitarbeiter hatten die Überwachung des Ganzen zu sichern!

Das Ziel für diese „Truppen“ lautete, möglichst schnell das 1. vollgenossenschaftliche Dorf zu propagieren.

Das gegenseitige Ausspielen habe ich bereits angesprochen, hier das reelle Beispiel. Es galt die letzten drei Berthelsdofer Bauern zur Unterschrift zu bringen. Dies waren die Betriebe Schönert, Lehmann und Hauswald, alle anderen hatten bereits unterschrieben.

So sagte man dem Einen, dass der Andere unterschrieben hat. Einer Überprüfung hielt der Schwindel natürlich nicht stand, flog auf und sorgte für unendlichen Wirbel und noch größeres Misstrauen der Bauern. Mein Vater war außer sich, so zornig hatte ihn die gesamte Familie noch nicht erlebt! Das Ganze verzögerte den Erfolg der „Werber“ erheblich und man musste „schwerere Geschütze“ auffahren. Die der Lüge überführten, brauchten sich natürlich nicht mehr hier im Dorf sehen lassen, man brauchte „Neue Leute“!

Die drei Aufsässigen wurden unter Androhung des Staatsanwaltes abgeholt. Es waren zwei Anwälte aus Bautzen angereist. Früh um 8 Uhr begann das „ Wortmassaker“ in Lehmanns guter Stube und dauerte bis 17 Uhr! Die psychologische Wirkung des Wortes „Anwalt“ auf einen Bauern gepaart mit einem neun Stunden dauernden „Mammutverhör“ ist gewaltig und völkerrechtlich unakzeptabel! Die unbescholtenen, ehrlichen Bauern wurden wie Verbrecher behandelt. Ein Bauer kann zwar mit der Natur umgehen ist aber im Umgang mit „Rechtsverdrehern“ völlig ungeübt. Dazu auch noch aus Bautzen, jeder kennt die schockierende Wirkung einer Drohung mit der berühmt-berüchtigten Vollzugsanstalt „Gelbes Elend“! So wurde am 6.4.1960 die letzte Bastion genommen, die Unterschriften freiwillig erzwungen!
Gestern am 26. 11. 2013 habe ich Siegfried Schönert besucht, er ist der letzte noch lebende Zeitzeuge dieses Vorganges und wir haben Alles noch mal Revue passieren lassen.

Zu Siegfried später noch einige Ausführungen. Er ist mit 86 Jahren körperlich und geistig in bester Verfassung, benötigt kaum einen Arzt oder Medikamente und arbeitet noch mit der Motorsäge im Wald, trotz seiner 4,5 Jahre russischer Gefangenschaft vom Frühjahr 1945 bis Ende 1949 im Schacht 33 in Stalinogorsk!

Nun war das parteipolitische Ziel erreicht: Berthelsdorf war „voll-genossenschaftlich“! Der 1. Vorsitzende der LPG-Typ 1 „An der Lohe“ wurde mein Vater Fritz Hauswald, Bereichsleiter und Stellvertreter Siegfried Schönert.. Es wurden zwei Arbeitsgruppen gebildet, Niederdorf und Oberdorf, die Arbeitsgruppenleiter waren Adler, Bernhard und Lehmann, Erich. Die erste Zuordnung der Höfe war wie folgt:

Niederdorf:	**Oberdorf**
Ulbricht, Willi	Paul, Alfred - Boden, Kurt
Reinhard, Werner	Pomsel, Günter - Schönert, Siegfried
Metz, Edmund	Polus, Roman - Lehmann Erich
Adler, Bernhard - Hauswald, Fritz	Lotze, Helmut
Roitsch, Martin - Hänsel, Herbert	Kollowa, Friedhelm
Wirthgen, Herrmann	Karsuntke, Hermann
Horn, Alfred	
Adler, Mainhard	

Etwa zwei Jahre vor dem „sozialistischen Frühling auf dem Lande“ hatte sich eine LPG Typ 2 mit dem Namen „Am Fuchsberg“ gebildet, zu ihr gehörten die Berthelsdorfer Höfe Paprota Willi, Raupbach Gottfried, Hentschel Siegfried und der Niederottendorfer Hof Sahre Hans.

Diese Bauern hatten sich wegen Arbeitskräftemangel und Krankheit von Familienmitgliedern zusammengeschlossen. Der Staat gewährte ihnen als Lockmittel große wirtschaftliche Vorteile, einer von ihnen hat gesagt: „Ich hatte noch nie soviel Getreide auf meinem Boden“! 1960 wurden die Berthelsdorfer Betriebe in die LPG „An der Lohe“ übernommen und der Betrieb Sahre in Niederottendorf eingegliedert. In Niederottendorf bildeten sich 1960 im Frühjahr drei LPG Typ 1. Die LPG „Am Himmler“ formierte sich aus den Betrieben:

Karl Truhöl, Heinz Winkler, Werner Mutscher, Alfred Drasche, Walter Müller, Günter Marschner, Fritz Müller, Martin Barthel, Ruid Wienerl, Walter Hempel, Gerhard Wehner, Herbert Hansch, Gottfried Reinhard und Rudi Haufe.

Auf der anderen Dorfseite bildete sich die LPG „Am Klunker“ ihr gehörten an:

Rudolph Bormann, Alfred Grützner, Osmar Grützner, Erwin Hering, Gerhard Rasche, Gertrud Grützner, Richard Steglich, Horst Marschner, Gerhardt Leuner und Manfred Schulze.

Im oberen Teil von Niederottendorf bildete sich die LPG „Am Viehbigt“ aus den Höfen:

Dreßler Erben	Müller Siegfried	Hartig Heinz
Friese /Jäckel	Stange Werner	Ulbricht Arno
Roitsch Helmut	Meißner Johann	Grabs Walter

Diese drei LPG schlossen sich sehr bald zur LPG „Am Valtenberg“ unter Vorsitz von Bormann Rudolph zusammen.

In Oberottendorf bildeten sich zwei Genossenschaften, zur „Am Steinbruch“ gehörten folgende Bauern:

Böhme Bernd	Rasche Elfriede	Berger Siegfried Pusch
Döring Franz	Müller Willy	Sengeboden Wilfried

Jande Franz	Marschner Gotthard	Kunze Gerda
Höhne Oskar	Sauer Fritz	Hempel Erwin
Hantsch Walter	Höhne Günter	Buchwald
Güttner Paul	Jenke Rudi	Mauksch Alfred
Kupper H.		

Das obere Oberottendorf, oberhalb der „Goldnen Kugel" wie der Volksmund es nennt, bildete sich die LPG „Am Heimatblick" zu ihr gehörten die Höfe:

Rodig Werner	Zimmermann Hans	Hentschel Günter
Raum Berthold	Pfeifer Gotthard	Kiesewetter Martin
Biebaß Manfred	Wolf Erhard	Fiedler Gerhard
Hantsch Walter	Heinze Martin	Venus Rudolf
Näther Helmut	Lähner Siegfried	Püschel Willi

Auch aus diesen beiden LPG's wurde sehr schnell Eine, unter Vorsitz von Gotthard Marschner und dem Namen „Am Heimatblick".

Das Rittergut in Oberottendorf wurde zur Bodenreform ebenfalls an Neubauern aufgeteilt. Jeder erhielt etwa 8 Hektar und etwas Wald. Auch die Gebäude wurden aufgeteilt, einige errichteten sich Neubauernhöfe. Das Schloss, heute dem Verfall preisgegeben, wurde als Wohnraum an Kriegsvertriebene vergeben. So war es auch mit dem Herrenhaus des Rittergutes in Berthelsdorf. Hier zog Später die Gemeindeverwaltung ein, danach wurde es Verwaltungsgebäude der LPG.

Es gab nun bis zum großen Zusammenschluss drei LPG Typ 1, eine LPG Typ 3 und ab 1967 eine Gemeinschaftseinrichtung (GE) im Ort.

1963 wurde der Maschinen-Ausleihstützpunkt (MTS) auf der Bahnhofstraße in Oberottendorf, (heute Plastverarbeitung Protec) an die LPG Typ3 übergeben, man nutzte ihn als Werkstatt bis 1967. Dann kam es zur Bildung der GE. Die Schlosser der LPG „Am Hohwald", zogen wieder nach Berthelsdorf in ihre alte Werkstatt im Rittergut. Man wollte sich große Instandhaltungsrechnungen ersparen.

Mit zunehmender Mechanisierung war es notwendig geworden ausreichend Werkstattkapazität für alle Genossenschaften im Ort zu schaffen. Die GE wurde Besitzer der Mähdrescher, moderner Werkstattkapazität und des Jungrinderstalles bei ehemals Berger Karl im Oberdorf sowie des Erbgerichtes Oberottendorf.

Alle Betriebe hatten Anteile an der GE, sie war ein selbstständig abrechnender Betrieb.

Bei Auflösung der GE, die sich beim Zusammenschluss aller LPG logischerweise ergab, stellte man eine Minusbilanz von 50.000 Mark fest. Liederliche Abrechnung und Buchführung der Betriebsleitung, gepaart mit Gutgläubigkeit und zu geringen buchhalterischen Kenntnissen der Revisionskommission hatten dies verursacht.

In Polenz hat man nach dem Krieg mit der Vergangenheit rigoros abgerechnet, dass intakte Schloss des Rittergutes ließen Fanatiker abreißen!

Da die vollgenossenschaftliche Weiterentwicklung weit über die Dorfgrenzen hinaus verlief, möchte ich alle Bauernhöfe namentlich nennen wie sie später durch die Bildung des Pflanzenbaubetriebes territorial zusammengefasst wurden.

Der „Sozialistische Frühling" liegt 54 Jahre zurück und in den Nachbarorten habe ich auch nicht alle Bauern gekannt. Durch Befragung ortsansässiger Bäuerinnen und Bauern habe ich folgende Namen der „Landeinbringer" ermittelt. Eine hundertprozentige Garantie der Richtigkeit bis zum letzten kleinen Hof, der zu der Zeit vielleicht schon aufgegeben war möchte ich nicht übernehmen.

Auch den Verlauf der LPG - Bildung dieser Orte möchte ich nicht im Einzelnen beschreiben. Exzesse hat es in allen Dörfern gegeben, bei Befragungen bin ich auf widersprüchliche Aussagen gestoßen.

Langburkersdorf

Berger Ernst
Krönert Alfred
Stange Willi
Eisold Alfred
Viogtländer P.
Hantsch
Wolfgang
Berger Paul
Kindermann Jos
Bergmann Heinz
Haufe Hugo
Karsch Herbert

Berger Gerhard
Krönert Alfred
Böhmer Alfred
Thoms Hans
Günzel Gerhard
Hering Herbert
Vetter Magarete
Unger Alfred
Henke
Hauswald Ilse
Häntsche Erna

Seidel Udo
Mann Alfred
Koch Hugo
Häntsche
Manfred
Marschner
Erhard
Sreubel
Helmut
May Manfred
Kunze Fritz
Seidel Richard
Wolf Johanna

Kasper Richard
Kunadt
Gerdrud
Leuner Gretel
Wobst Otto
Sturm Kurt
Weschke Ilse
Meißner Rudi
Harnisch Käthe
Lehmann Horst
Karsch Ernst
Müller Walter

Rugiswalde

Hermann Hans
Rasche Ida
Tarang Oswin
Thunig Gerhard
Schuster Erwin
Schüttig Erich
Gäbler Arno
Opitz Erhard
Scholz Ezard
Bräuer Erich
Rehn Willi
Tappert
Friedrich
Hähnel Arthur
Richter Max
Michel Werner
Schade Kurt
Scholz Erich
Thonig Richard
Rasche Emilie
Meusel Benno
Richter Liesel
Kuhn Rudolph
Müller Walter
Richter Ewald
Berger Hilde
Thunig Alfred
Dreßler Hertha
May Rudi
Richter Emil
Schuster Max
Heinze Franz

Rückersdorf

Steinbrecher
Gerh.
Steinbach Ernst
Hoffmann Heinz
BergeOtto
Haufe Alfred
Jungmichel
Günter
Heinrich
Eberhard
Molle Hellmut
Kretschmar
Erich
Weipert Ernst
Berge Erich
Marx Arthur
Schiekel Alfred
Grützner
Helmut
Hilmes Oskar
Hartmann Max
Mehnert Arno
Förster
Siegfried
Pollnick
Herbert
Tiehl Gottfried
Schurz Ewald
Wehner Kurt
Paufler Helene
Gierig Horst
Baumgart Willi
Pfitzner Fritz
Meschke
Arthur
Köhler
Manfred
Lehmann
Herbert
Gottlöber Rudi
Venus
Gottfried

Polenz

Hirsch Werner
Barthel Max
Mai Ewald
May Willy
Barthel Roland
Kunadt
Kempe
Willkommen
Hein.
Fritsche
Rudolph
Schöne Max
Nitsche
Leuner
Siegfried
Leuner Kurt
Erbgericht
Rentsch
Gerhard
Leischke/
Herman
Schmidt Horst
Krause
Teich Werner
Berge Willi
Oberländer
Erdmann/
Hauke
Beier Heinz
Willkommen
Ma.
König Gotthard
Thomas Dora
Klinger
Rudolph
Hentschel
Armin

In Berthelsdorf mit seinen Ortsteilen waren es 101 Höfe, in Rückersdorf 31, in Polenz 28, in Langburkersdorf 44 und in Rugiswalde 30, insgesamt 234 Bauernhöfe, plus das VEG Langburkersdorf bildeten 1973 die Ausgangsbasis für die KAP Langburkersdof. Einzelbäuerlich könnte man je Hof 3,5 Arbeitskräfte rechnen so sind es immerhin 819 Leute die nicht beim Arbeitsamt anstehen und auch nicht pendeln mussten. Hinzu kämen die Beschäftigten des VEG und natürlich nicht wenig Saisonkräfte. Sie Alle produzierten wertvolle Bioprodukte für sich und Andere!

Die BHG Neustadt hatte einem Dienstleistungszweig Düngung und Pflanzenschutz gebildet. Aus diesem ging das ACZ (agrochemisches Zentrum) Langenwolmsdorf hervor. Es war ebenfalls eine Gemeinschaftseinrichtung, hier waren alle Landwirtschaftsbetriebe des damaligen Kreises Sebnitz beteiligt. Das ACZ hatte eine moderne Werkstatt, Dünge- und Pflanzenschutzmittellager mit Gleisanschluss sowie die mobile Technik zur Ausbringung. Später kamen zwei Hubschrauber dazu. Ihr Einsatzgebiet ging über das Kreisgebiet hinaus. Zu den Aufgaben des ACZ gehörte das Erstellen der EDV- Düngungs-empfehlung, die Führung einer EDV-Schlagkartei sowie das EDV-gerechte Ausbringen von Dünge- und Pflanzenschutzmitteln. Hier schuf sich der Staat die Möglichkeit einer Kontrolle der Arbeit der Pflanzenbaubetriebe.

Der DDR- Führung war es keineswegs egal wie gewirtschaftet wurde, galt es doch die Versorgung der Bevölkerung mit Nahrungsmitteln aus eigener Erzeugung zu decken. „Devisen“, sogenannte harte Währung, war äußerst knapp. Der Währungsschwindel machte es erforderlich so gut wie keine „Devisen“ für Nahrungsmittelimporte auszugeben!

Auch der Entzug landwirtschaftlicher Nutzfläche für Bebauungszwecke wurde streng überwacht, die Genossenschaften hatten Pläne zur Lückenbebauung in ihrem Territorium zu erstellen. Vierteljährlich trat die „Kreisbodenkommission“ zusammen. Dies erfolgte im Anschluss an die wöchentlichen Arbeitsbesprechung beim ACZ, wo sowieso Vertreter aller Pflanzenbaubetriebe zugegen waren.

Die Vorschläge und Gegenstimmen der Genossenschaften wurden Ernst genommen, man geizte mit jedem Quadratmeter, besonders wenn es sich um gutes Ackerland handelte!

10.000 Hektar waren es in der DDR, die jährlich durch Bebauung der landwirtschaftlichen Nutzung entzogen wurden. Heute schaut da

Niemand mehr hin, hoffentlich fällt uns das nicht eines Tages „auf die Füße“!

Zum 1.1.1972 kam es zum Zusammenschluss aller vier LPG im Ort, deren Name auf LPG „Am Hohwald“ festgelegt wurde, damit wurde der Typ 1-Teil immer kleiner, mehr und mehr der Bauern gaben auf.

Es gab drei verschiedene LPG Typen, hier zum besseren Verständnis für alle die nichts damit zu tun hatten. Alles Land war in die Genossenschaft einzubringen, einschließlich Pachtflächen, Wald und Gartenland rund um den Hof. Dieses wurde mit dem Anspruch auf einen halben Hektar Land, denn jedes Mitglied hatte verrechnet. Anfangs bekamen nur Landeinbringer diesen individuellen Landanspruch zugebilligt. Später wurde dies auf alle Mitglieder ausgedehnt und sogar Beschäftigte die nicht Mitglied waren erhielten dafür einen finanziellen Ausgleich. Der dringende Arbeitskräftebedarf machte dies erforderlich und das politische Ziel war sowieso die Gleichstellung Aller. Einen Unterschied gab es bis zum Schluss, der Beschäftigte hatte Lohnsteuer zu zahlen, LPG - Mitglieder waren lohnsteuerbefreit. Was blieb war eine finanzielle „Unmöglichkeit“, dem Landeinbringer blieben seine Hofgebäude zur Unterhaltung und die Einnahmen aus der bäuerlichen Wirtschaft gab es nicht mehr. Der Beschäftigte wohnte in einer Plattenbauwohnung mit politisch gewolltem billigem Mietpreis und wurde finanziell gleichgestellt! Auch ihm stand der Weg zum LPG - Mitglied offen und er hatte eine gute Chance, dass einer Kündigung stattgegeben wurde, wo einem Landeinbringer die „Leibeigenschaft“ blieb!

Typ1: Genossenschaftlicher Zusammenschluss, gemeinsame Bewirtschaftung des Ackerlandes. Individuelle Tierhaltung und Bewirtschaftung des Grünlandes und des Waldes

Typ2: Dieser Typ war kaum in der Praxis vertreten, er schloss den Technikpark ein. Der gemeinsame Technikbesitz ergab sich bei Neuinvestitionen sowieso automatisch

Typ3: Hier gehörte alles in die Genossenschaft Tierbestände, Ackerland, Grünland, Wald, Wirtschaftsgebäude und Technik soweit sie für die LPG brauchbar waren.

Nach dem Zusammenschluss und Übergang aller ortsansässigen LPG zur Typ 3 schloss die Genossenschaft einen Bewirtschaftungsvertrag zum Wald mit dem staatlichen Forstwirtschaftsbetrieb ab. Begründung, keine

Zeit und Leute den Wald selbst zu bewirtschaften. Der Wald wurde geschätzt und nun hatte der Bauer nichts mehr in seinen Wald verloren!

Der Forstwirtschaftsbetrieb konnte „räubern“ gehen! Nur braucht der Wald 60 bis 80 Jahre bevor man „ernten“ kann! Geerntet hat der „sozialistische Forstwirtschaftsbetrieb“ auch noch kurz vor der Wende in meinem Wald, im Jahr 1988. Mit der Rückgabe an die Besitzer nach der Wende, wäre eine erneute Schätzung notwendig gewesen. Da man wusste, dass sich daraus Forderungen ergeben unterließ man dies.

Vielleicht ein bewusst offen gelassener Punkt des Einigungsvertrages? Nach zweijährigen intensiven Bemühungen ist es mir gelungen den zuständigen Förster zur Schätzung mit in den Wald zu bekommen. Das daraus resultierende Protokoll liegt mir bis heute nicht vor. Alle Bemühungen vergeblich!

Die Landwirtschaftliche Berufsgenossenschaft schickte mir Gebührenbescheide zum Wald. Die Beitragshöhe lag so um die 100 DM pro Hektar. Ich glaubte jetzt einen staatlichen Partner gefunden zu haben, dem ich auch meine Forderung vortragen konnte, weit gefehlt! So versuchte ich durch Nichtbegleichung der berufsgenossenschaftlichen Gebühr meiner Forderung Nachdruck zu verleihen, wiederum weit gefehlt! Den einen Staat im Staat geht der andere Staat im Staat überhaupt nichts an!

Ich dachte immer, dass die Staatsbediensteten vom Geld des Steuerzahlers entlohnt werden, weit gefehlt! Der Herrgott muss es sein der sie entlohnt, deshalb benehmen sie sich auch wie die Götter!

Über meine Belange hat man überhaupt nicht nachgedacht, allerdings den Gerichtsvollzieher zwecks Beitreibung der Gebühren der Berufsgenossenschaft ins Haus geschickt! Alle vier Jahre habe ich nun die Möglichkeit im Wahllokal meine Forderung vorzutragen, Erfolg weit gefehlt! Man würde wohl heute mit aller Härte gegen mich vorgehen, wenn ich mir „das im Namen des Gesetzes Gestohlene“ einfach wiederhole!

Dabei hat es zur Wende nicht mal einen Besitzerwechsel oder eine Insolvenz des staatlichen Waldes gegeben, vorher hieß es „Staatlicher Forstwirtschaftsbetrieb“ und heute „Staatsforst“.

Wo bleibt Recht und Gerechtigkeit, in dieser ach so freiheitlichen „Demokratie“!

Buchhalterisch wurde der erreichte Vermögenswert der Genossenschaften jährlich ermittelt und als Inventarbeitrag je Hektar landwirtschaftliche Nutzfläche ausgewiesen. Jeder der zum Tag -X Land einbrachte oder vom Typ1-Teil in den Typ3-Teil wechselte, hatte diesen „Inventarbeitrag“ entsprechend seiner Flächengröße „einzubringen“. Reichte das vorhandene Inventar nicht hatte ein finanzieller Ausgleich zu erfolgen. Diese Regelung sicherte den Genossenschaften einen konstanten Vermögenswert, führte allerdings bei Landeinbringern auch zu Härtefällen.

Speziell alte Bauern die sich seit Jahren mit ihrem Hof unermüdlich geplagt hatten und der wirtschaftliche Erfolg, vielleicht durch Pech im Viehstall, durch Missernten oder auch einfach durch fehlende Kraft und Krankheit rückläufig war, wurden doppelt gestraft. Nicht nur, dass sie ihren Tierbestand hingaben, nein dazu auch noch einen erheblichen Teil ihrer Ersparnisse, eventuell auch die Rücklagen für die Altersversorgung als Ausgleich zahlen mussten! Nach Zerschlagung der LPG verfügte über all dies der Konkursverwalter!

Der 1973 erbaute 320er Milchviehstall der LPG „Am Hohwald“ nach Konkurs der LPG von einem Wiedereinrichter übernommen und erneut in die Pleite geschickt, Foto 2014

Alle Beschäftigten der Großindustrie haben mit ihrer Entlassung nach der Wende eine Abfindung erhalten. Die Bauern haben alles hingegeben ohne an eine Entschädigung zu denken!

Nur Einzelne haben sich dem LPG-Eintritt widersetzt. Ein Beispiel möchte ich nennen, Ernst Weipert aus Rückersdorf. Er hatte in Rückersdorf und in Stolpen einen Hof, jeder so um die 10 Hektar. Er besaß einen Traktor vom Typ „ Brockenhexe“. Ohne fahren auf öffentlicher Straße ging es nicht, dazu brauchte er allerdings eine „Zulassung“ zum öffentlichen Straßenverkehr und genau die hat er von den Behörden nie bekommen! Er wohnte auf dem Rückersdorfer Hof, hatte er Arbeiten in Stolpen zu erledigen, hing er seinen Traktor hinten ans Pferdegespann und fuhr so nach Stolpen! Der sozialistische Staat hat ihn schikaniert wo immer es ging und stets die eiskalte Hand aufs Neue spüren lassen.

Das Zusammenraufen der vormals selbstständigen Bauern bei der täglichen Arbeit und die weitere Entwicklung

Der Lebensunterhalt in den LPG Typ 1 wurde mit der Milch- und Fleischproduktion verdient. Neben dem Grünland war aber auch Konzentratfutter erforderlich. Das Getreide und die Hackfrüchte wurden nun genossenschaftlich erzeugt und unterlagen einer strengen Bewirtschaft. Als erstes und oberstes Gebot war der Staatsplan zu erfüllen. Was danach übrig blieb konnte aufgeteilt werden.

Die eingebrachte Flächengröße war ein Verteilungskriterium. Die Praxis zeigte sehr schnell, dass von den größten Höfen die wenigsten Arbeitskräfte kamen, sie hatten ja auch morgens und abends mit ihrem logischerweise größerem Tierbestand mehr Arbeit.

Bedienstete, früher „Magd oder Kutscher", gab es nicht mehr. Dadurch erledigten die kleineren Betriebe den größeren Anteil der genossenschaftlichen Arbeit. Dies musste bei der Produktverteilung Berücksichtigung finden. Natürlich gab es auch „Schlitzohren" die meinten an der gemeinsamen Arbeit nicht teilnehmen zu müssen! Derartige Auswüchse einer aufgeblähten individuellen Hauswirtschaft konnten nicht noch durch Futtermittellieferungen der LPG unterstützt werden.

Jeder wollte möglichst viel Getreide, um es über den Tiermagen veredeln zu können. Missernten, ein Desaster, der Staatsplan war ohne „Wenn und Aber" zu erfüllen. Eigentlich ein ausgeklügeltes System der „Arbeitserziehung"! Es galt einen einigermaßen gerechten Verteilungsmodus zu finden, dies war allerdings während der gesamten Typ-1-Zeit ein hart umkämpfter, strittiger Punkt.

Ich hatte es schon angesprochen der Ausstattungsgrad mit Technik ließ sehr zu wünschen übrig. Somit gestaltete sich die Feldarbeit zunächst genauso aufwendig wie vor der Kollektivierung.

Die von den Agitatoren versprochene Arbeitserleichterung durch Mechanisierung ließ lange Jahre auf sich warten!

So wurde Alttechnik aus dem Norden geholt und im Winter in irgendeiner Scheunenecke hergerichtet. Als der Berthelsdorfer Granitsteinbruch „Heinrich und Hutsch" Anfang der 60-ziger Jahre geschlossen wurde, richteten wir in dem ehemaligen Kompressorenhaus eine primitive Werkstatt ein. Auf der Verladerampe entstand ein Kartoffelsortierplatz und oberhalb des Schuppens der ehemaligen drei Pflastersteinfallhämmer wurde in Eigenleistung eine 1. Lagerhalle errichtet. Die LPG Typ 3 errichtete später einen Melkstand auf dem Gelände.

Heute ist daraus ein Pferde - Freizeitdomizil entstanden. Die Treuhand hat es veräußert, ob mit oder ohne Zustimmung der Kommune, ist mir nicht bekannt. Einschließlich der Zufahrtswege zu dahinter liegenden privaten Feldern und Waldstücken wurde das Gelände verkauft, diese Eigentümer haben keine Zufahrt mehr zu ihren Flächen!

Mit ABM-Kräften vom Arbeitsamt und wahrscheinlich auch Fördermitteln wurde daraus ein Spekulationsobjekt, was sich in einer unlängst vollzogenen Veräußerung niederschlägt.

Druschplatz Anfang der 1960er Jahre

Gedroschen wurde wie zu Ritterguts-Zeiten mit ebenfalls aus den Norden „importierten" alten Breitdreschern. Es gab zwei Druschplätze, einen im Oberdorf angetrieben von einer Lanz Bulldog über Flachriemen hinter Hauswalds Hof und im Niederdorf einen mittels Elektromotor, er war auf Wirtgens Hof. Im Winter hatte ich bei der MTS in Polenz die Berechtigung zum „Druschsatzführer" erworben und die Leitung des Platzes im Oberdorf war eine Art Vorläufer für meine künftige Mähdrescherzeit. Das Getreide wurde gebindert, mit Mähbindern der

Bauern und auch teils privaten Traktoren sowie den Alttraktoren vom Norden. Eingefahren wurde teilweise noch mit Pferdegespannen und Erntewagen oder diese wurden an einen alten Traktor gehängt. Ich glaube die Polizei hatte Anweisung wegzusehen, wenn solche „Kombinationen“, manchmal auf die öffentliche Straße mussten aber das sollte sich schnell ändern! Natürlich mussten die Zugmaschinen eine Hauptuntersuchung, heute nennt man es „Tüff“ haben, was bei einem Pferdeanhänger schlecht machbar war.

Der „Stützpunkt der Arbeiterklasse“ auf dem Land war die MAS“, so wurde es propagiert. Ihr Hauptsitz war in Polenz, hinter dem Erbgericht heute dem Verfall preisgegeben. Eine Nebenstelle gab es wie schon erwähnt auf der Bahnhofstraße in Oberottendorf.

Die MAS bekam die Neuzuführungen an Technik, die reichten bei weiten nicht und so bekamen auch die LPG Typ 3 zuerst Dienstleistungsarbeiten von dort, wie Ackerarbeiten oder Getreide bindern.

MTS 5 mit Schlegelernter

So waren die Typ-1 Betriebe weiterhin gezwungen Alttechnik zu kaufen. 1967 waren es zwei Russische Traktoren des Typs MTS 5, die das VEG Memleben ausrangierte, es waren robuste kompakte Maschinen, 50 PS Leistungsstärke. Allerdings brauchten sie erst einmal eine Teil - bzw. Grundinstandsetzung, dies machten wir nun in der Steinbruchwerkstatt unter Leitung von Günter Pomsel selbst.

Im selben Jahr, sieben Jahre nach der Zwangskollektivierung bekamen wir die ersten zwei Traktoren aus DDR- Produktion vom Typ „Famulus", als Neuzuführung!

Die schweren Ackerarbeiten wie pflügen und die Saatbettbereitung machten wir mit den beiden MTS 5. Einen fuhr Gotthard Lehmann, einen ich. Oft erforderte es die Notwendigkeit, dass wir auch über die „Melkzeiten" auf dem Acker waren, so dass Vater und Karin sich allein kümmern mussten.

Gepflügt wurde mit 3-Schaaranbaubeetpflügen, die besaßen keine Steinsicherung, so flog man eben mit dem Kopf gegen die Frontscheibe, wenn ein unterirdischer Fels das Fuhrwerk ruckartig anhielt. Dann hieß es in die Werkstatt fahren und verzogene Grindel richten oder auswechseln. Ich glaub es war 1969, da bekamen wir einen neuen 5-Schaarbeetpflug B201, der verfügte über eine hydraulische Steinsicherung. Einen Traktor der ihn ziehen konnte hatten wir nicht, einen ZT 300 bekamen wir zwei Jahre später. So hingen wir die beiden „Russen" vor den B 201 und pflügten im Schlepp! Unter heutigen Bedingungen kaum vorstellbar, aber es ging über mehrere Jahre.

Heute gibt es als Alternative die pfluglose Bestellung, sie hat den Vorteil der Einsparung von nicht unerheblichen Kosten, passt allerdings eher zu einer extensiven Feldwirtschaft. Über 20 Jahre wurde der 5 Hektar Schlag hinter meinem Hof pfluglos bewirtschaftet. Höchsterträge kaum erzielt und Nacktschnecken treten in Massen auf, dies kann zur empfindlichen Schädigung der auflaufenden Saaten führen.

Historisch gewachsen war es, seit alter Zeit zogen die Gespanne der Bauern im Winter den Schneepflug. Von Erzählungen ist bekannt, dass diese Einsätze manchmal einen feuchtfröhlichen Abschluss fanden.

Schneehaufen in der Hofmitte März 1970 , Lutz und Ute oben auf

Vor den Schneepflug haben wir mit unseren Traktoren auch noch gespannt, allerdings war für Fahrzeugführer in der DDR Alkohol verboten, also Null-Promille! In den 1960er- bis Anfang der 1970er Jahre gab es eine Reihe von Extremwintern, einige Erlebnisse aus dem Winter 1969-70 möchte ich erzählen.

In der „Dorfdrehe" gegenüber der Klempnerei Marschner hatte der Schneepflug seinen Abstellplatz. Es war ein freies Plätzchen und der Straßenmeister Max Hauptvogel, ein alter „Zwölfender" wohnte nicht weit weg. Vom ehemaligen Pferdeschneepflug war nur noch eines übrig, dass er die gesamte Straßenbreite auf einmal räumte. Ansonsten hatte die Stellmacherei Arthur Franz und der Schmied Helmut Grützner über die Jahre, seit er von Traktoren gezogen wurde, ständig reparieren und verstärken müssen.

Die schweren Seitenblanken mussten bei Gegenverkehr eingeklappt werden, dies ging nur mit Hilfe von Brechstangen. Um möglichst wenig Gegenverkehr zu haben wurde früh morgens um 4 Uhr losgefahren. Zwei, bei viel Schnee drei Mann Besatzung waren hinten auf dem Schneepflug. Ein altes hölzernes Fahrerhaus war vorn auf dem „Schiff" montiert, drin zum Aufwärmen eine „eiserne Kanone" mit einem Stück Ofenrohr oben raus. War frisch aufgelegt, sah es aus als würden die Traktoren eine Lokomotive hinter sich herziehen!

Einmal, ich war nicht dabei, ist der eiserne beheizte Ofen während der Fahrt umgefallen und das Fahrerhaus abgebrannt!

Eine unvergessliche Schneekatastrophe ereignete sich in unserer Region im Januar 1970. Immer am dritten Januarwochenende hatte die FFw Freitagabend ihre Jahreshauptversammlung, das war schon über Jahrzehnte so.

Diese Versammlungen wurden abwechselnd in den beiden Erbgerichten Berthelsdorf und Oberottendorf durchgeführt, 1970 war sie in Oberottendorf. Als wir dreiviertel Sieben abends an der Bushaltestelle Bäckerei John standen fing es heftig an zu schneien und Wind kam auf. Halb Zwölf fuhr der „Fortschritt" Schichtbus Richtung Neustadt, wenn man nicht laufen wollte, hieß es rechtzeitig vor der Gaststätte zu stehen. Ein starker Schneesturm nahm uns vor der Haustür in Empfang. Als wir Kameraden auf den Bus warteten kam der Berthelsdorfer Lehrer Henry Müller mit seiner Ehefrau gelaufen. Er war mit seinem blauen 500er Trabbi zur 20 Uhr Vorstellung nach Bischofwerda ins Kino gefahren, zurück war kein Durchkommen mehr! Der Trabbi stand mit weiteren Fahrzeugen irgendwo zwischen Bahnbrücke und dem Gasthaus „zur grünen Tanne".

Da ich Scheepflugdienst zugesagt hatte, war die Nacht kurz, vier Uhr wurde angespannt. Der Straßenmeister hatte das Wetter beobachtet und die „Trommel"gerührt. Wir waren drei MTS 5 und der „Pionier" von der BHG Oberottendorf. Die vorgegebene Räumstrecke war Neustadt , dann Richtung Stolpen bis Bahnübergang Langenwolmsdorf, hier rechts nach Rückersdorf, Oberottendorf, dann bis zum Gasthaus grüne Tanne, auf der Rücktour den „Diabas-Steinbruch" beräumen und dann zum Ausgangspunkt zurück.

An diesem denkwürdigen Samstag früh ging es nur bis auf die Kuppe des Karrenberges, ein Weiterkommen völlig aussichtslos, übermannshoch hatte der Sturm den Schnee gleich hinter der Bergkuppe so fest angeweht, dass man drauf laufen konnte!

Lange haben wir Alle geschaufelt, um einen Traktor neben der Straße hinter den Schneepflug zu bekommen. Als dies geschafft war, musste der Pflug rückwärts den Karrenberg herunter gezogen werden. Es war mittlerweile 10 Uhr geworden als wir unten am Viadukt ankamen! Zu einer wohlverdienten Pause wurde in der Gaststätte Krell eingekehrt, es war sowieso nirgends ein Durchkommen mehr! Hier bekamen wir vom mittlerweile gebildeten Krisenstab die Order, die Straße von Oberottendorf bis zur „Tanne“ offen zu halten, das ging auch nur bis zur Bahnbrücke gleich hinter dem Abzweig zum Steinbruch. Mitten auf der Brücke lag eine riesige feste Windwehe, als die genommen war ging es noch mal ca.100 Meter und dann war Schluss. Es schneite unvermindert weiter und der Sturm peitschte uns die Eiskristalle wie Stecknadeln ins Gesicht.

Nach dem Mittag kam manuelle Hilfe, die „Kampfgruppe“ des Fortschrittwerkes rückte mit Schaufeln an! Es wurde sehr fleißig, unter harten Bedingungen gearbeitet, allerdings so wie das „Katastrophen-pulver“ von der Fahrbahn beseitigt wurde, füllte der Sturm wieder nach!

Die zähe Arbeit schien belohnt zu werden, abends halb Acht schafften wir es mit eingeklappten Pflug und vier Traktoren vorgespannt bis zur „Tanne“, sofort kehrt und zurück, vergeblich, wir blieben stecken! Nur mit der Hilfe von unverdrossenen „Schauflern“ kamen wir in dieser Nacht noch zurück bis zum Gasthaus „zur Linde“, hier sollten wir in Bereitschaft bleiben, es kam aber die ganze Nacht zu keinem weiteren Einsatz. Alle Straßen waren meterhoch zugeweht es ging nichts mehr und so lange wie der „Bockmüller“ (Westwind) blies hatte es eh keinen Zweck.

Am Sonntag Früh ertönten die Sirenen, „Katastrophenalarm“, es galt die Straße nach, Bischofwerda zu räumen. Bevölkerung, Feuerwehr und Kampfgruppen schafften es!

Am Sonntag Abend war die Straße wieder offen, allerdings nur über die Schaftrebe nach Putzkau, die „Gerade“ nach Bischofswerda wurde erst fast eine Woche später von sowjetischen Panzern frei geschoben. In Bischofswerda war bis kurz nach der Wende eine sowjetische Raketeneinheit stationiert. Die „SS 21“, ausgestattet mit „Atomaren Mehrfachsprengköpfen“ standen hier!!

Der VEB Kunstblume Sebnitz hatte an jenem Sonnabend alle Heimarbeiterinnen aus der Umgebung nach Sebnitz zum Betriebsfest mit Bussen zusammengeholt, eine Nachhausefahrt gab es an diesem Abend nicht, in der Sebnitzer Turnhalle mussten Notquartiere eingerichtet werden, damit die „Blümelweiber“ einen Schlafplatz bekamen.

Zu einem Bericht dieser Schneekatastrophe gehört natürlich auch das Erwähnen des stecken gebliebenen Personenzuges auf der Strecke Neustadt - Pirna.

Ein Stück hinter der Bahnbrücke der Heeselichter Straße Richtung Langenwolmsdorf steckte er fest und alle Bemühungen ihn frei zu bekommen schlugen fehl!

Eine Dampflokomotive mit Schneeschleuder fräst sich an den feststeckenden Zug heran

Eine der größten Dampfloks mit der kräftigsten Schneeschleuder, die die Reichsbahn besaß, hatte man herbeordert, dazu jede Menge Schnee-schaufler abkommandiert und das über Wochen ja Monate, vergeblich!

Originalfotos von 1970 , eingeschneiter Zug mit der Burg Stolpen im Hintergrund

Keiner will es glauben, 84 Tage war die Bahnstrecke von Neustadt nach Stolpen blockiert! Hier wehte der „Bockmüller“ aus erster Hand und füllte stets mehr Schnee nach, als heraus geschaufelt werden konnte. Der Zug kam erst im Frühjahr mit einsetzendem Tauwetter wieder frei!

Erzählt man heute Jugendlichen davon, wird man ungläubig angeschaut, ich glaube Mancher denkt „ jetzt hat's den Alten erwischt“!

So wurde er im Frühjahr nach 84 Tagen Pause freigelegt

Zurück zur Landwirtschaft, die ersten Mähdrescher rollten so gegen Ende der fünfziger Jahre über Felder der LPG Typ 3. Sie waren sowjetischer Produktion, hießen „Koloß“ und so waren sie auch.

So nach und nach sah man die ersten DDR - Mähdrescher vom Typ E175 auf den Feldern. Im Winter 1962-63 erwarb ich den Mähdrescherschein und fortan gehörten meine Sommermonate der Mähdruschernte. Da diese politisch hochbrisante Erntetechnik nicht ausreichend zur Verfügung stand, wurde das natürliche Vegetationsgefälle ausgenutzt, die Mähdrescher vom Vorgebirge wurden ins Flachland von Großenhain oder ins Senftenberger Gebiet umgesetzt, so lange bis die Druschreife zu Hause erreicht war, dass dauerte etwa anderthalb bis zwei Wochen, dann ging's wieder nach Hause. War dann in der Ebene die Ernte beendet, kamen die dortigen Maschinen mit ihren Fahrern in die Berge zur „sozialistischen Hilfe“, wie es genannt wurde. Aus ökonomischer Sicht der Grundmittelauslastung, hatte es seine Vorteile, die geleistete Fläche pro Kampagne und Maschine war erheblich größer.

Mähdrescher E 175 im Einsatz

Meine ersten „ Mähdruscherfahrungen" sammelte ich auf Rugiswalder und Schönbacher Feldern, von der MTS Polenz aus. Als, wie schon erwähnt der Oberottendorfer Stützpunkt zur GE umfunktioniert war, standen die E175 von Rückersdorf und Berthelsdorf hier und auch der Einsatz ging von hier aus. Ab 1970 kamen die ersten E 512 zum Einsatz und die E175 wurden dann ab 1972 so nach und nach ausrangiert.

Nachdem meine Entscheidung zur beruflichen Qualifikation gefallen war arbeitete ich ab Frühjahr 1972 als Brigadier im Feldbau.

Die parteipolitische „Vorwärtsentwicklung" raste im Höhenflugtempo durch die Dörfer, gerade hatten sich die vier LPG des Ortes am 1.1.1972 vereinigt, trennte man 1973 die Tierproduktion von der Pflanzenproduktion, absolut keine Zeit sich zu finden und zu konsolidieren!

Für eine wirtschaftliche und ökonomische Stärkung war keine Zeit!

Einer der verhängnisvollsten Fehler in der „sozialistischen Landwirtschaft", man durchtrennte den Kreislauf Boden- Pflanze –Tier - Boden. Gleiches passiert heute wieder mit der Ansiedlung gewerblicher, industrieller Großanlagen!

Das wirtschaftseigene Futter wurde nun nicht mehr nur buchhalterisch bewertet, nein es wurde an die Tierproduktion verkauft. Das verhalf der DDR-Wirtschaft zu einer enormen Steigerung der Bruttoproduktion, was hat es der Wirtschaft und vor allem den Landeinbringern genutzt? Sie wurden letztendlich um das von Generationen erarbeitete Vermögen gebracht und die DDR - Wirtschaft hat es auch nicht vor dem Kollaps bewahrt!

Technik und Menschen wurden getrennt, es gab nun Pflanzenbauer und Viehkuddel, welche Herabwürdigung von bäuerlicher Arbeit!

Die Tierproduktionsbetriebe blieben wie gehabt in den Orten. Es wurde eine KAP (kooperative Abteilung Pflanzenproduktion) gebildet. Anfang der 80ziger Jahre wurde aus ihr ein juristisch selbstständiger Betrieb, die LPG (P) „Grenzland" Langburkersdorf gebildet, der nunmehr restlos von den Tierproduktionsbetrieben getrennt war.

Grundlage waren die Nutzflächen der Betriebe:

VEG Langburkersdorf
LPG „Am Goldgrund"Langburkersdorf
LPG „Rotes Banner" Polenz
LPG „Thomas Müntzer" Rückersdorf
LPG „Am Hohwald" Berthelsdorf

Dies bedeutet alle landwirtschaftlichen Nutzflächen der Orte Rückersdorf, Polenz, Langburkersdorf, Rugiswalde, Berthelsdorf, Niederottendorf und Oberottendorf wurden durch eine LPG Pflanzenproduktion bewirtschaftet. 95 VbE (vollbeschäftigten Einheiten) waren beschäftigt.

Die Tierproduktionsbetriebe „Am Goldgrund" Langburkersdorf, „Thomas Müntzer" Rückersdorf und „Rotes Banner" Polenz schlossen sich unter dem Namen „Rotes Banner" Polenz zusammen. Es gab nun drei Tierproduktionsbetriebe:

VEG „Milchproduktion" Polenz,
LPG „Am Hohwald" Berthelsdorf,
LPG „Rotes Banner" Polenz.

Die Vermischung von staatlichem und genossenschaftlichem Eigentum, wie in der Pflanzenproduktion praktiziert, gab es nicht einmal beim großen Vorbild der Sowjetunion. Die Kolchose war der LPG gleich der genossenschaftliche Sektor und die Sowjose, der volkseigene, dem VEG gleich. Hier wird deutlich welchen Kurs das „Schiff“ steuerte, hin zur restlosen Verstaatlichung!

Die Landwirtschaftliche Nutzfläche des Pflanzenbaubetriebes umfasste 3758 Hektar. Es waren vier Fruchtfolgerotationen eingerichtet, die Humusbilanz musste im positiven Bereich liegen, dies wurde staatlich kontrolliert.

Der Viehbesatz je Flächeneinheit war sehr hoch, er lag bei etwa 1,5 GV je ha, das Futter reichte nicht hin und nicht her! Es entbrannte ein riesiger Hick - Hack um's Futter, analog der Typ 1 Zeit, aber in wesentlich größerer Dimension. Eine weitere Tierbestandsaufstockung im Territorium, um etwa 1000 GV (Großvieheinheiten) war mit der Inbetriebnahme der geplanten 2000er Milchviehanlage vorgesehen.

Priorität hatte nach wie vor die Erfüllung des „Staatspanes“, in der Tier - wie in der Pflanzenproduktion, alles Andere hatte sich unterzuordnen! Die geographischen und klimatischen Bedingungen wurden bei der Vergabe der „Plankennziffern“ nicht oder viel zu ungenügend berücksichtigt. Man findet dies bestätigt im Überleben der Wende vieler Agrargenossenschaften mit besseren natürlichen Bedingungen.

Die Betriebe erhielten ihre Kennziffern vom „Rat des Kreises“ und dieser vom „Rat des Bezirkes“, nach dem Motto „Unmögliches Fordern - Mögliches Erreichen!

Die aufdiktierte Kartoffelanbaufläche lag bei 275 Hektar, einer Reduzierung dieser Anbaufläche, bei Bereitstellung der geforderten Tonnagemenge durch Ertragssteigerung je Flächeneinheit, wurde niemals zugestimmt. Die Einhaltung der Anbaufläche staatlicherseits kontrolliert.

Nicht das die Kartoffel hier nicht wächst, nein sie gedeiht auf V-Standorten recht gut, der hohe Steinbesatz der Äcker in Verbindung mit unseren hohen Niederschlägen, am Rand des Hohwaldes, brachte die Erntekollektive jedes Jahr aufs Neue an den Rand der Verzweiflung! Die „Kartoffelschlacht“ verursachte immense Kosten, da die Kombines keinesfalls „steinfest“ waren und der lehmige Sandboden bei Nässe nicht siebfähig! Es gab Wochenendeinsätze von drei bis vierhundert Studenten der TU Dresden zum Handlesen, das wollte organisiert sein. Alle mussten verpflegt werden, brauchten Schutzkleidung und am Sonntag zu Feierabend bekam Jeder seinen Lohn. Dieser wurde in bar, entsprechend der erbrachten Leistung ausgezahlt. Es gab Marken je gelesenen Korb und je Marke anfangs 10 später bis 15 Pfennige. Besonders in schmuddeligen Herbstwetterlagen zogen sich derartige Einsätze über vier bis sechs Wochenenden im September und Oktober hin. Eine hochgradige Belastung für alle die es organisieren mussten!

Die „natürlichen Bedingungen", sinnvoll nutzen wurde immer wieder propagiert, sinnvolle Grünlandbewirtschaftung durch optimale Weidewirtschaft, all das stand eben nur als „Wunschzettel" in betrieblichen Programmen.

Durch die Trennung von Tier- und Pflanzenproduktion ging die erforderliche Flexibilität restlos verloren, hinzu der wahnwitzige Bau einer Milchviehanlage mit 2000 Stallfutterplätzen, im Weidegebiet des Hohwaldvorlandes mit einer durchschnittlichen Niederschlagsmenge von 950 mm am Langenwolmsdorfer Bahnübergang und 1150 mm direkt vorm Hohwald im langjährigen Mittel.

Nicht die Genossenschaftsbauern und Beschäftigten dieser Zeit sind schuld am völligen Niedergang der ansässigen Landwirtschaftsbetriebe, oh nein sie Alle haben eine fleißige aufopferungsvolle Arbeit geleistet!

Im Laufe der Jahre bildeten sich in Regionen mit besseren „natürlichen Bedingungen" sogenannte Vorzeigebetriebe der Partei - und Staatsführung heraus, aber auch Prügelknaben musste es geben und die wohnten hier vorm Hohwald!

Ausnahmslos alle landwirtschaftlichen „sozialistischen Großbetriebe" des Neustädter Territoriums wurden mit der Wende liquidiert! Hier gibt es keine Agrargenossenschaft die überlebt hat.

Die Ursache liegt in einer nicht den natürlichen und klimatischen Bedingungen angepassten, aufdiktierten Anbau - und Produktionsstruktur. Diese war zu kostenintensiv, die Technik nicht steinfest, hohe Reparaturkosten und Ausfallzeiten, geringere Ernteerträge gegenüber einem 60zieger oder 70ziger Boden waren Ursachen für eine schlechte Liquidität zur Wende!

Arbeits - und Lebensbedingungen in 30 Jahren LPG - Zeit

Mit Beginn der genossenschaftlichen Arbeit bekam der Selbstständigkeit gewohnte Bauer gesagt, was wie zu tun ist. Kein Wunder, dass dies oftmals wie ein Kloß im Halse stecken blieb und wenn es wieder heraus kam „explodierte" es! Aber man raufte sich zusammen und mit der Zeit entstand ein guter „Kollektivgeist", es wurden schöne Erntefeste und Brigadefeste gefeiert, hin und wieder auch mal zwischendurch, wenn das Wetter Arbeiten unter freiem Himmel nicht mehr zuließ, ein Geburtstag oder anderer besonderer Anlass zum feiern genutzt .

Natürlich war es mit 8 Stunden Tagen nicht getan, auch die Wochenenden mussten immer wieder genutzt werden. Besonders die Fahrer von „Schlüsselmaschinen" waren immer wieder „dran"! In der Tierproduktion sah es noch schlechter aus, es herrschte konstant Arbeitskräftemangel.

Auf den Feldern wurde Schichtarbeit zur Brechung von Arbeitsspitzen organisiert, beim Mähdrusch für zwei Drescher drei Mann zur Verfügung gestellt, davon war immer Einer Azubi. Früh waren die Mähdrescher zu warten und entstandene Schäden zu reparieren, alle Fahrer hatten mit anzupacken. War der Tau getrocknet ging es in den „Schwaden", gedroschen wurde bis es spät am Abend wieder feucht wurde. Kam mal in einer lauen Sommernacht kein Tau, wurde durchgedroschen bis der Regen einsetzte. Die alte Bauernregel, gibt es keinen Tau bei Nacht, folgt Regen meist schon am nächsten Vormittag traf immer wieder zu. Arbeitszeiten von morgens halb Sieben bis 22- 23 Uhr, waren in der Getreideernte die Regel. Die Mahlzeiten wurden im fliegenden Wechsel eingenommen, die Drescher mussten laufen.

Während wochenlangen Schönwetterperioden sehr kräftezehrend, dann hat man insgeheim schon mal nach einer Regenwolke Ausschau gehalten!

Betriebsküchen waren in allen landwirtschaftlichen Betrieben „Normalität" nur während der Typ-1-Zeit wurde zu Hause Mittag gemacht, es waren ja auch noch einige Tiere zu versorgen.

Mähdruschbesatzung bei Schlechtwetter im Pausenwagen

Pausenversorgung mit Getränken, Imbiss und natürlich warmen Mittagessen gab es in allen Küchen. Die Feldarbeitskomplexe wurden am Feldrand im „Pausenwagen" verpflegt. Der betriebliche „Werksverkehr" fuhr alle Orte an, brachte Jeden an seinen Arbeitsplatz und lieferte das Essen zu den Arbeitstellen je nach Einsatzort. Das Mittagessen kostete 70 Pfennig pro Portion, ja und die waren reichlich, wer wollte konnte stets Nachschlag hohlen. Schmackhaft war das Essen immer, es kochten ja Bauersfrauen! Noch mal 70Pfennig je Portion wurden vom Betrieb gestützt, das war dann im Wesentlichen kostendeckend.

Betriebsküchen gab es in Berthelsdorf im ehemaligen Rittergut, im Stützpunkt Oberottendorf, in Polenz ehemals Oberländer und in Langburkersdorf dort zunächst im Vorhandenen des ehemaligen VEG, das war nach der KAP - Bildung zu klein, es musste in zwei Etappen gegessen werden. Ende der Siebziger wurde mit der eigenen Baubrigade ein schmucker Speiseraum mit 100 Plätzen gebaut und gleichzeitig die Küchenkapazität erweitert. Dies wurde auch für betriebliche und kommunale Veranstaltungen genutzt.

Staatlich organisiert gab es eine Ernteversorgung der Kollektive auf dem Feld mit Südfrüchten. Ein Kleintransporter der so genannte „Bananendampfer" fuhr aufs Feld und brachte die begehrte Mangelware.

Dies führte wiederum beim Industriearbeiter zur Verärgerung, zeigte aber wie wichtig der Staatsführung die Einbringung der Ernte war.

In den 70er und 80er Jahren verschwand mit der Modernisierung der landwirtschaftlichen Arbeitsplätze und Schaffung der Industrie weitgehend angeglichener Arbeits - und Lebensbedingungen das Problem des schon angesprochenen Intelligenzgrades der Beschäftigten der Landwirtschaft der 1950er und 1960er Jahre. Um nach der Wende wieder zurückzukehren!

Mit eigener Lehrausbildung wurde der Arbeitskräftenachwuchs sichergestellt. Durch Kooperationsverträge mit der Industrie kam der Nachwuchs der künftigen Auslandmonteure des Fortschrittwerkes zum Praktikum während der Erntekampagnen und Mancher blieb. Es gab auch sonstigen Arbeitskräftezulauf, zuerst allerdings auf die Pflanzenproduktion begrenzt. In den Ställen der Tierproduktion trat dies kaum in Erscheinung. Erst mit der Inbetriebnahme der 2000er Milchviehanlage wurde auch hier ein Durchbruch erreicht. Geregelte Arbeitszeiten durch Schichtarbeit, Wohnraumbereitstellung und nicht zuletzt die Entlohnung spielten dabei eine entscheidende Rolle.

Nach der Wende wurde der Gebäudekomplex der Verwaltung der Pflanzenproduktion einschließlich Küche und Speiseraum abgerissen und ein Seniorenwohnheim errichtet! Nichts gegen solche Wohnheime, schließlich wird jeder mal alt, man machte aber den ganzen Osten zum Altenwohnheim und diskriminiert den Ostdeutschen Rentner bis zum heutigen Tag durch außer Kraft setzen des Grundgesetzes!

Arbeitsschutzbelehrungen hatte jeder Kollektivleiter monatlich aktenkundig durchzuführen. Arbeitsschutzbekleidung wurde nach betrieblichen Normativen ausgegeben und turnusmäßige ärztliche Vorsorgeuntersuchungen organisiert. Betrieblich gestützte „Urlaubsplätze" wurden allen Beschäftigten preiswert angeboten. Dazu mieteten die Beriebe Ferienobjekte an der Ostsee und im Harz, auch einen Wohnwagen im Tschechischen Riesengebirge gab es! Für selbstständige Landwirte wohl kaum denkbar ! Die „Besten" innerhalb der „sozialistischen Brigaden" wurden mit einem Urlaubsplatz im Suhler „Ringberghaus" ausgezeichnet, dies geschah immer zu besonderen betrieblichen Anlässen.

Brigadetagesausflug in den Spreewald um 1980

„Brigaden der Sozialistischen Arbeit", wurden sie genannt, von staatlicher und parteilicher Seite unaufhörlich gefordert, hatten alle Kollektivleiter den Auftrag ihr Kollektiv dazu zu „befähigen"!

Fand sich ein Kollektivmitglied, welches das „Brigadebuch" gestaltete und mit etwas politischem Beiwerk ausschmückte, war nur noch eine Hürde zu nehmen. Alle Brigademitglieder hatten Mitglied in der „Deutsch - sowjetischen Freundschaft" (DSF) zu sein. Völkerfreundschaft gewiss eine wunderbare, wünschenswerte Angelegenheit, nur welche Möglichkeit hat und hatte „Otto Normalverbraucher" auf die Weltpolitik Einfluss auszuüben und den Kriegstreibern das Handwerk zu legen. Die es im Laufe der Geschichte, versuchten und den Mut dazu aufbrachten wurden immer wieder kaltgestellt oder umgebracht! Wer hat denn immer und immer wieder die Bürger rekrutiert und auf die „Schlachtfelder" geschickt , gemordet, die Wohnstätten bombardiert und Unschuldige zu Gefangenen gemacht . Ja letztendlich nur mit dem Wenigen am Leib aus ihrer Heimat vertrieben!

Die DSF sollte die „alte Feindschaft" zwischen den Völkern minimieren und war auf Regierungsebene installiert, außer der Beitragskassierung von monatlich 50 Pfennige passierte nicht viel. Für jeden Kollektivleiter war es „Pflicht" beizutreten. Hier möchte, ich wie schon erwähnt, noch mal auf Siegfried Schönert zu sprechen kommen. Siegfried war Verantwortlicher für Schweinezucht - und Mast in der LPG Berthelsdorf.

Auf seine Mitgliedschaft in der DSF angesprochen, antwortete er: „Ich nicht, ich habe die Freundschaft 4,5 Jahre am eigenen Leib erfahren"!

Zur Vorgeschichte , Siegfried Jahrgang 1927 , wurde 1944 zur Wehrmacht eingezogen, erlebte und überlebte als 18-jähriger Soldat den Bombenangriff am 13. Febuar 1945 auf Dresden , eines der fürchterlichsten Massaker des 2. Weltkrieges.

Danach erfolgte die Verlegung seiner Einheit in Richtung Riesengebirge. Dort kam das Kriegsende. Sie waren zu dritt und hatten das Glück von einem Einwohner Zivilkleidung zu erhalten, alles was an die Wehrmacht erinnerte wurde vernichtet. So machten sie sich auf den Weg Richtung Heimat, wurden von einer russischen Militärstreife aufgegriffen und die nächsten 4,5 Jahre verbrachte er in russischer Gefangenschaft! Erste Station, Stettin an der Ostseeküste, die Gefangenen hatten im Land demontierte Werksausrüstungen auf Schiffe zu verladen.

Danach Transport nach Stalinogorsk zur Arbeit unter Tage im Schacht 33 . Viele haben die unmenschlichen Torturen nicht überlebt, sind irgendwo verscharrt worden, er hat es überlebt und wurde 1949 entlassen. In den 60ziger Jahren habe ich oft mit Siegfried zusammen gearbeitet, er hat niemals davon erzählt. Zur Entlassung musste Jeder unterschreiben, strengstes Stillschweigen über die Geschehnisse zu wahren. Sicher hat Jeder dies getan, nur um der Hölle zu entfliehen!

Vor einigen Jahren lernte er zu einem „Heimkehrertreffen" Frau Edeltraut Krebs -Kraft kennen. Sie war als 17-jährige auch zum Schacht 33 deportiert worden und hat das Buch „Meine Mädchenjahre in russischer Gefangenschaft" geschrieben. In wenigen Stunden hat man es gelesen, die Abscheu vor derartigen Unmenschlichkeiten bleibt für immer! Ganz gleich unter welcher Fahne sie begangen wurden und noch werden.

Das Buch ist im Ernst Verlag Hamburg 1996 erschienen und für Interessierte unter der ISB Nr.3-89 407-177- X erhältlich.

Siegfrieds Weigerung der DSF beizutreten hätte ihm um ein Haar erneut hinter Gitter gebracht, hätte sich nicht der damalige Parteisekretär für ihn stark gemacht!

Eine persönliche Geschichte, die gegenüber russischer Gefangenschaft banal wirkt, möchte ich erzählen. Meine Leitungstätigkeiten in der LPG gingen vom Brigadier zum Bereichsleiter, Produktionsleiter, Technologen und technischen Leiter. Nichts im Leben ist so beständig wie die Änderungen, immer wieder mal wurden die Leitungsstruktur und die Aufgabenbereiche verändert. Am längsten währte meine Aufgabe Düngung und Pflanzenschutz, Fruchtfolge, Humusbilanz, Dokumentation Bodenfonds und während der Getreideernte Leitung des Mähdruschkomplexes.

Ein sehr umfangreicher Aufgabenkomplex.

DC 14 ist ein tschechischer E 512 der am Raupenberg mal seine Nachbarn besuchte

„Es ergab sich", das ist keine religiöse Geschichte und auch kein Märchen, an einem Sonnabend, es war der 1. September Schulanfangswochenende und von der Stammbesatzung nur wenige da. Gedroschen wurde in Langburkersdorf rechts von der Raupenbergstraße. Nur ein schmaler Feldrain bildet die Staatsgrenze zum tschechischen Nachbarn und unsere „Nubbern" waren auch gerade nebenan beim dreschen. Freitag gegen Abend zog sich der Himmel zu und es gab leichten Regen. Mit den Nubbern gab es am Grenzrain einen kurzen Feierabendplausch. Einer von ihnen meinte, wenn ihr morgen eine Flasche Schnaps mitbringt, der ist bei euch billig, bringen wir einen Kasten Bier mit, dass ist bei uns billig. Gesagt getan, am Sonnabend früh vor Beginn unserer Reparaturarbeiten, am Rain ohne Grenzübertritt, die Getränke getauscht. Das Wetter war trüb und regnerisch, ich wollte aber auch alles wieder einsatzfähig haben, dass es bei einsetzenden Sonnenschein wieder los gehen kann. Die Nubbern standen schon eine ganze Zeit oben an der Waldecke mit blinkender Rundumleuchte, wir sollten hochkommen, noch waren wir mit einigen Arbeiten nicht fertig. Als es ihnen zu lange dauerte kamen sie mit einem Drescher halt herunter gefahren.

Von links Jochen Koch, Lutz Müller, Bernd Hauswald , dann die Beiden Tschechen , deren Namen weiß ich nicht mehr, Manfred Karsch und Marco Schmidt

Die Geschichte war trotz leichten Nebels vom Dorf aus beobachtet und zur Anzeige gebracht worden. So bekamen wir am Montag hohen Besuch auf dem Erntefeld, die SED-Kreisleitung und auch der Rat des Kreises sprachen vor. Es ist eine Riesenschweinerei passiert so die Worte unseres Vorsitzenden! Dieser Grenzübertritt wird jeden so um die 180 Mark kosten! Dabei war keiner von uns über der Grenze und außerdem ist unser Nachbarland ja „Freundesland“, gab ich meinen Senf dazu. Es zog keine Ruhe ein, wir wurden als schuldig abgestempelt. Irgendwann wurde es mir zuviel und ich habe gesagt, wenn hier einer Strafe zahlt, fahre ich am nächsten Druschsonntag mit der gesamten Truppe gesetzeskonform in Schmilka über die Grenze unsere Nachbarn besuchen und ihr könnt die Drescher fahren! Damit habe ich mir bei der Obrigkeit keine Freunde gemacht, aber es zog wieder Ruhe ein und Keiner hat Strafe bezahlt.

Es war immer mein Bestreben, hohe Leistungen zu fordern aber auch für die, die sie erbrachten das höchst Mögliche heraus zu hohlen.

Beständig wiederkehrende Meinungsverschiedenheiten mit dem Vorsitzenden, die über Jahre „köchelten" veranlassten mich zur Kündigung meiner LPG - Mitgliedschaft.

Im Statut für LPG stand festgeschrieben, dem Ein - oder Austritt eines Mitgliedes hat die Vollversammlung zuzustimmen. Diese Richtlinie wurde als „Gummiparagraph" gehandhabt je nachdem wie man es brauchte. Meiner Kündigung stimmte die Vollversammlung auf Betreiben des Vorsitzenden nicht zu. Nun war ich „Leibeigener" des Betriebes geworden, den ich mit aufgebaut hatte. Einerseits wusste ich, dass ich gebraucht werde andererseits stellt es eine nicht unerhebliche Belastung der Psyche dar, mit der man erst leben lernen muss!

In eine übergeordnete staatliche Dienststelle hätte ich wechseln können, aber das wollte ich auch nicht. Ich hatte es satt, weiter unter diesen Bedingungen zu arbeiten und „träumte" von Selbstständigkeit!

Es wachsen keine Bäume in den Himmel,
beim Selbstständigen der ehrlich seine Steuern bezahlt

Zurück zur Selbstständigkeit auf meinem Hofe

Mein Vater sagte mal zu mir, weißt du das „einzig Schöne" an der Selbstständigkeit ist, wenn du Deinen „Laden" in Ordnung hast, dann kannst du Jeden der dir nicht passt, mit ‚du kannst mich' mal vom Hofe schicken"!

Selbstständig, auf dem eigenen Hofe die „Brötchen" verdienen. Eine verlockende Sache, würde es sich rechnen und von den politisch Verantwortlichen genehmigt werden. Schließlich hatte man ja die letzten Privatbetriebe erst 1972 verstaatlicht.

Da Neufahrzeuge in der DDR Mangelware waren, mussten sie lange halten. Die Kfz-Pflege war eine gesuchte Dienstleistung. Ich selbst habe auf einen 105er Skoda 12 Jahre gewartet! So fragte ich beim Rat des Kreises nach, ja Bedarf ist riesengroß, erfuhr ich beim Ratsmitglied für Umwelt und Verkehr. Aber über die Erteilung einer Gewerbegenehmigung entscheiden alle 19 Ratsmitglieder! Wird eine Gewerbegenehmigung erteilt, müssen sie innerhalb eines viertel Jahres produzieren!

Es war mir bekannt, das Einer von den 19 für Landwirtschaft zuständig war und ich landwirtschaftlicher „Leibeigener"!

Außerdem wie sollte das gehen, in einem viertel Jahr baut man in Eigenleistung ohne jegliche Bilanzanteile keine Werkstatt! Darauf konnte man mir keine Antwort geben! Das notwendige Klein- oder besser gesagt große Geld, so einen Bau in Auftrag zu geben fehlte sowieso und einen ausführenden Betrieb hätte ich mit Sicherheit auch nicht gefunden.

Meine berufliche Qualifikation mit einem Facharbeiterzeugnis für Landwirtschaft, einem Landmaschinen Traktoren - Schlosser und einem Fachschulabschluss als Ingenieurökonom war ausreichend. Es führte kein Weg dran vorbei, wollte ich in die Selbstständigkeit musste ich auf Risiko bauen.

Und ich wollte!

Um der „Leibeigenschaft" zu entrinnen wechselte ich in die Tierproduktion Berthelsdorf , mit der Maßgabe , ich helfe solange bis ich mit meiner Selbstständigkeit beginnen kann, dies wurde akzeptiert und ich habe gewechselt, mich dabei arbeitsmäßig nicht unbedingt verbessert!

Der Ungewissheit ins Auge schauend, habe ich mit Sohn Lutz 1987 begonnen, in die Scheune eine Werkstatt einzubauen. Baumaterial sowie Ausrüstungen unterlagen in der DDR- Planwirtschaft der Bilanzierung und wurden durch den Rat des Kreises vergeben.

Bilanzanteile ist - gleich Null! Es war ein Kraftakt unter dem Motto „bist du Gottes Sohn, so hilf dir selbst"!

Auf diesen Steinen ruhte die Scheune im Bereich der heutigen Werkstatt

Die Bauzeichnungen habe ich selbst gezeichnet und ein Statiker aus dem Bekanntenkreis die erforderlichen Berechnungen in „Feierabendtätigkeit" erstellt, so wurde die Baugenehmigung bezahlbar. Ölabscheider und Einleitung der Abwässer wurden genauestens geprüft und vor Inbetriebnahme die fachgerechte Ausführung protokollarisch abgenommen. Feuerschutztüren - und Decke, Elektro - und Wasserinstallation, Heizung alles musste TGL gerecht (heute DIN) ausgeführt sein und einer Endabnahme standhalten!

Heizung, „ja du lieber Himmel woher einen Heizkessel bekommen", sie wurden in dieser Zeit gegen Westgeld gehandelt, so etwas besaß ich nicht!

Feuerschutzdeckenplatten konnte ich nach persönlicher Rücksprache im Herstellerwerk bekommen. Heizkörper schweißte ich aus Stahlrohren selbst zusammen. Im Fortschrittwerk war man gegen eine volle Palette von Rohren gefahren, diese Beschädigten konnte ich kaufen. Einen gebrauchten, bereits demontierten Gliederheizkessel bekam ich in einer Gärtnerei.

Zwei hydropneumatische Hebebühnen erstand ich ebenfalls auf dem Gebrauchtmarkt. Blieb noch eine leistungsfähige Kompressoranlage, alle Kniefälle und Bitten beim Dresdner Maschinenbauhandel blieben erfolglos, 9 Jahre Wartezeit!

In Dresden machte ich einen Hersteller für Druckluftkessel ausfindig, man fertigte mir Einen! Den Maschinensatz baute ich dann aus einem Melkkompressor K902. Dies Alles geschah1987/88, von der nahenden Wende überhaupt keine Ahnung. Kurz nach Ihr kam ein Verkäufer des Maschinenbauhandels auf den Hof und bot mir eine Kompressoranlage an, es war jener Herr vor dem ich Kniefälle gemacht hatte, da fielen mir die Worte meines Vaters ein, „du kannst Jeden..!!

Für mein Vorhaben würde allerhand Wasser gebraucht werden, Vater hatte in den Vierzigern einen Brunnen in Hauskeller gebaut, in Trockenzeiten war manchmal das Wasser knapp, also musste noch ein neuer Brunnen werden. Wo fängt man an, wo sucht man nach Wasser, früher hat man dies mit Hilfe von Wünschelruten erkundet, mit so etwas hatte ich noch nie zu tun und glaubte auch nicht, dass es funktionieren würde. Na ja, bevor ich ins Leere schachte, kann man ja mal probieren ....

Wer kennt einen Rutengeher, ich fragte mich durch. Siegfried Schönert war es, der mir einen heißen Tipp gab, in Rammenau wohnt Einer. So fuhr ich nach Rammenau und fragte mich wieder durch, tatsächlich gab es einen Herrn Henke 72 Jahre alt und er war gleich bereit mir zu helfen.

Dazu später mehr, ich werde es noch ausführlich schildern. Auf der gemuteten Stelle wurde 1988 gegraben und wir wurden fündig, dieser Brunnen versorgt noch heute, 25 Jahre später den Hof mit Wasser und es war nur einmal alle. Dies geschah als die Kommune den Abwasserkanal vier Meter tief in die Straße vorm Grundstück verlegte. Man hatte die Wasserader gerissen, der Brunnen leer und die Pumpe futsch. 36.000.-DM die Abwasseranschlussgebühr des Hofes, die kaputte Wasserpumpe ist trotz Forderungsanmeldung bis heute nicht beglichen! Nach dem der Kanal verfüllt war kam unser Wasser wieder.

So wuchs unser Vorhaben von Woche zu Woche, im Herbst 1988 stellte ich den Gewerbeantrag und --- er wurde genehmigt!! Mit einer Auflage, zwei weitere Arbeitskräfte zu beschäftigen.

So beendete ich meine Tätigkeit in der Landwirtschaft Ende März 1989. Am 2.5.1989 eröffneten wir unseren Gewerbebetrieb auf dem Bauernhof, zunächst wir zwei, Karin und ich, ab September 1989 kam Lutz mit hinzu.

Die Auftragslage war gut, wir konnten es kaum erschaffen, die ersten Terminnachfragen hatte es bereits gegeben, als wir gerade mit bauen begonnen hatten! Wenn Autos Pflegen auch nicht gerade die sauberste Tätigkeit war, wir hatten unsere Arbeit auf dem Hofe und konnten davon leben.

Plötzlich, für uns Ostdeutsche kaum vorstellbar, öffnete sich im November 1989 der „eiserne Vorhang“. Wie würde es weitergehen, kommt es in Deutschland zu einem Bürgerkrieg? Was geschieht nun weiter, Fragen über Fragen, Keiner wusste es!

Im Januar 2014 lernte ich während meines Aufenthaltes in der Hohwaldklinik als Tischnachbarn im Speiseraum einen ehemals hochrangigen Befehlshaber der NVA kennen. Ein hoch gebildeter, besonnener 77er, beim Gesprächsthema Wende, sagte er so wie nebenbei, ich hätte den „Schießbefehl“ erteilen können. Da blieb mir erst mal die Spucke weg beziehungsweise der nächste Happen im Halse stecken! –

Da können sich Alle bei dir bedanken sagte ich, als ich die Sprache wiedergefunden hatte! Er sprach dann vom sozialistischen Judas, ohne dass ein Name gefallen war, fragte ich ihn ob er wisse woher dessen Feuermal stammt, er verneinte.

Auf dieser Stelle klopfte Stalin stets seine Pfeife aus mit den Worten, Kleener, du musst noch warten! Herzliches Lachen folgte diesem Witz, ich nenne es mal Galgenhumor. Doch welcher Sprengstoff verbirgt sich dahinter, ich erfinde einen Namen und nenne es „atomares Nitroglyzerin“!

Nüchtern betrachtet war mir klar, es war die Gelegenheit für den deutschen Kapitalismus sich am hart erarbeiteten Volksvermögen der 16 Millionen Ostdeutschen zu bereichern! Einen dringend benötigten Absatzmarkt aufzureißen und kostenlos an hoch ausgebildete Fachkräfte zu gelangen, die man auch noch unter Tarif entlohnen konnte!

Wir wurden ins nasse Wasser geschmissen, von dem wir nicht wussten wie tief und wie kalt es ist! Mit den Gepflogenheiten der „sozialen Marktwirtschaft“ wurden wir konfrontiert, sehr bald stellte sich heraus, dass es keine „soziale“, sondern eine „brutale“ Wirtschaftsform war! Der „Raubtierkapitalismus“ hatte und hat „Hochsaison“!

1991 verschlechterte sich unsere Auftragslage rapide, die paar Ersparnisse verbaut, eine Refinanzierung in so kurzer Zeit unmöglich. Mit Handel einiger gebrauchter PKW versuchte ich mein Glück. Einige Kfz -Pflegebetriebe entwickelten sich in Richtung Autohaus. So fragte ich bei der Handwerkskammer nach, da wir ja mit unserem Betrieb in die Handwerkerrolle eingetragen waren. Ein „seriöser Herr“ aus dem Westen hatte den Chefsessel eingenommen. Meine vorgelegten Qualifikationsnachweise und Jahrzehnte lange Berufserfahrung wurden für Null und Nichtig erklärt und ich sollte mit Ende Vierzig mit einer Facharbeiterausbildung bei Null beginnen.

Zu einem Differenzlehrgang zum Kfz - Meister wäre ich ohne weiteres bereit gewesen, aber bei Null war eine Beleidigung für mich!

Einige Jahre später wurde dieser Herr vor Gericht gestellt und verurteilt. Ich weiß, man sollte nicht nachtragend sein, trotzdem habe ich einen heimlichen Gedanken. Mich würde es nicht stören, wenn der heute noch brummt!

Der Gedanke „Wiedereinrichter“ zu werden kam auf, mit Lutz war ich mir einig wir gründen eine GbR und betreiben vornehmlich Pflanzenbau, das bisher gewachsene im Bereich Handel und Dienstleistung wollte ich aber auch nicht aufgeben. Daraufhin ließ ich das Handels- und Dienstleistungsgeschäft auf Karin umschreiben. Dabei ist es dann auch geblieben als der Gedanke ans „Bauern“ sich aus verschiedenen Gründen zerschlug, gesundheitliche und finanzielle Aspekte waren dabei hauptsächlich ausschlaggebend.

Mit der Handwerkskammer war ich fertig, die bekamen von mir keinen Beitrag mehr. Nach zwei Jahren schickten die Blödiane mir auch noch den Gerichtsvollzieher auf den Hof, er musste mit hängenden Kopf abtraben, ich hatte keinen Betrieb mehr, der gehörte meiner Frau und nicht sie war dort eingetragen!

Nun klopfte ich den Markt in den gesamten „Alten" Bundesländern ab, auch Franchising prüfte ich, das Ergebnis, diese Wirtschaftsform gleicht mittelalterlichen feudalen Zuständen, ist tatsächlich „Alt" und hat mit propagierter „Aufbauhilfe Ost" nichts aber auch gar nichts zu tun! In Leipzig war ich auf eine „Aufbauagentur" gestoßen, den richtigen Namen weiß ich leider nicht mehr. Es machte alles einen seriösen Eindruck und so fuhr ich mit einem Herrn Dr. Fleischer ins bayrische Weiden. Man bot eine industrielle Fertigung von Verpackungsfüllmaterial aus nachwachsenden Rohstoffen an. Das klang etwas nach Landwirtschaft und wir machten uns schlau. Es war weiter nichts, aus Getreidemehl wurden über einen Extruder Pellet aufgeschäumt und ähnlich dem Füllstoff aus Styropor eingesetzt.

Ich bekam Gewissensbisse mit der Welternährung und die bayrischen Herren erklärten mir ihr Geschäftsprinzip. Ich sollte die erforderliche Technik und das Ausgangsmaterial kaufen, mir Kundschaft für das Produkt suchen und Lieferscheine schreiben, das Schreiben von Rechnungen wollten sie erledigen!

Einigermaßen frustriert verließen wir Bayern, so wollte ich dass bisher Erreichte nicht aufs Spiel setzen.

Zufällig kam der Neffe von Karins Opa zu Besuch, er war schon Anfang der 50ziger in den Westsektor übersiedelt, unter Anderem hatte er viele Jahre im ländlichen Raum ambulant Leitern verkauft. „Da mach doch das erst einmal", seine Worte. So fuhr ich mit ihm zwei Tage später nach Herford, wir studierten Zeitungsannoncen und suchten einen gebrauchten LKW unter 7,5 Tonnen. Den dritten oder vierten habe ich gekauft, anschließend ging die Fahrt gleich nach Bad Pyrmont zum Leiternhersteller „Euroline".

Der Firmeninhaber Herr Friedrich Schlichte kümmerte sich am Samstagvormittag persönlich um meine Ladung und von wegen gleich bezahlen, ich sollte doch erst einmal verkaufen!

So lernte ich einen seriösen, hilfsbereiten mittelständigen Unternehmer kennen, ich fühle mich noch heute zu Dank verpflichtet. Noch an diesem Samstag fuhr ich mit meiner Ladung Aluminiumleitern nach Hause. Fritz hatte mir noch eine alte Fahrzeugglocke geschenkt, die brachte ich am Sonntag am Fahrzeug an und am Montag noch Werbung an den LKW geklebt und einen Wandergewerbeschein geholt. So ging es am Dienstag auf die erste Verkaufsfahrt, ich hatte Schulden bei Herrn Schlichte und ich wollte ihn nicht enttäuschen.

Lieferfahrzeug der Fa. Schlichte und mein Verkaufsfahrzeug

Eine vollkommen neue Tätigkeit forderte mich, erbärmlich kam ich mir vor, als ich das erste Mal die Klingel in einer Wohnsiedlung betätigte, jetzt fährst du auch noch „Klinken putzen“ schoss es mir durch den Kopf!

Was half es, Augen zu und durch, zum Feierabend merkte ich, dass man auch als „fahrender Händler“, sein Geld verdienen kann. Natürlich war mir klar, dass dieses Geschäft nur so lange geht, bis der Markt gesättigt ist. Weit über 10 Jahre habe ich es betrieben und nebenbei weitere betriebliche Standbeine wachsen lassen. Es war mit harter Arbeit verbunden, früh geschäftliche Dinge klären, oftmals waren dazu Telefonate in den „Westen“ notwendig, dort begannen die Arbeitstage nicht schon um Sechs oder halb Sieben, wie im Osten. Vor Neun kaum ein Verantwortlicher erreichbar, war es gegen Elf meist schon wieder zu spät, man bekam gesagt, die Herren sind zu Tisch.

So früh wie möglich wollte ich auf Verkaufstur, um den Tag auszunützen. Nach der Kaffeezeit, am Nachmittag hieß es sowieso, auf zur „nächsten Runde“, wenn die Leute von Arbeit nach Hause kamen. Sehr oft war ich erst wieder zwischen 21und 22 Uhr auf dem Hofe.

Die Kfz-Pflege wurde von Karin und Lutz bedient, wir hatten umgestellt und arbeiteten mit den Produkten des Marktführers „Dinol“.

Parallel dazu bauten wir eine Baumaschinenvermietung auf. Da ich Leitern verkaufte konnten wir auch Gerüste verkaufen, so kam Eins zum Anderen. Manches wurde nicht so der Erfolg, bald merkte ich, dass dies immer bei den Produkten war, wo die Industrie auch direkt und nicht nur über den Handel verkaufte.

In dieser Zeit stand ein Bekannter aus dem Dessauer Gebiet auf dem Hofe. Wir hatten uns zu DDR- Zeiten bei der Ersatzteilversorgung für Landtechnik kennengelernt. Wie es so war, kannst du mir Das versorgen, kriegst du von mir Jenes. Vorteilnahme wie man es heute nennt war dabei tabu, es ging nur darum, dass die Betriebe sich drehten. Sein Arbeitsplatz in der Landwirtschaft war auch weggebrochen und er baute einen Hydraulikservice auf. Nun warb er mich als Großhändler, der er werden wollte, als seinen Kunden, da gab es kein langes zögern, wo Hydraulik an aller Technik dran ist. So kaufte ich eine Schlauchpresse und ein Einstiegssortiment an Schlauchmeterware, Schlaucharmaturen und Fittinge. Es wuchs ein neues Standbein, es passte gut zur Baumaschinenvermietung und vor allem noch machte es Keiner in der näheren Umgebung.

Beginn der Abrissarbeiten am östlichen Scheunengiebel

So langsam ging es vorwärts, so dass wir 1994 wieder bauten. Ein Verkaufsraum wurde dringend benötigt. Wie es so ist, ohne Moos nichts los, zum cash bezahlen reichte es nicht. Es waren unendlich viele „Bettlergänge" zu Geldinstituten notwendig. Ein beleidigendes Martyrium begann. Das es ohne Sicherheit für die Bank nichts gibt ist ja klar, aber das sie sich doppelt ja dreifach rückversichern ist logisch nicht erklärbar, zumal der Osten aufgebaut werden sollte oder war dies nur „Makulatur" und wurde von bestimmten Gremien gar nicht so richtig gewollt? Hätte ich das Doppelte gehabt konnte ich mir die Bettelei ersparen. Heute ist klar was mit den Geldern der Kleinsparer gemacht wurde, es wurde ganz einfach verzockt. Eigentlich zum wirtschaftlichen Aufbau bestimmt, wurde es von der schwarzen sächsischen Mehrheitsregierung zum zocken freigegeben und Aufbauwilligen eine Kreditbewilligung zum Spießrutenlauf gemacht!

Der Bau des Verkaufsraumes

Unlängst befand sich eine Politzeitschrift der linken sächsischen Landtagsfraktion in meinem Briefkasten, die Überschrift zum Desaster der Sachsen - Landes Bank:

Keine Tränen am Milliardengrab!

Ich zitiere wörtlich:

CDU und FDP präsentieren sich gern als solide Haushälter im Dienste gesunder Staatsfinanzen. Seit dem Zusammenbruch der sächsischen Landesbank im Jahr 2007 allerdings hat der Freistaat eine Hypothek von 2,75Mrd. Euro zu schultern, die zur Not auch mit neuen Schulden bezahlt werden wird. Sachsen bürgt für die Verluste einer Bank, die eigentlich die mittelständische Wirtschaft fördern sollte, dann jedoch unter den Augen Aufsichtsführender Politiker am großen Spekulationsrad mitdrehte. Inzwischen sind mehr als eine Milliarde Euro aus dem Landeshaushalt in die Bewältigung des Bankencrashs geflossen. Jeden Monat verschwinden über 30 Mio. Euro und damit der Wert eines Landesförderprogrammes aus dem Garantiefonds. Das ist soviel, dass im letzten Jahr 511 Mio. nachgeschossen werden mussten. Müsste Finanzminister Unland im Wahljahr 2014 noch einen Kredit zum begleichen der Forderungen aufnehmen wäre das Image der „sauberen Sanierer“ dahin ......

Bis heute verzichte die CDU darauf, die politisch Verantwortlichen für das Desaster der Sachsen LB zur Rechenschaft zu ziehen.

Ohne Kommentar Meinerseits !!

Auf den Gedanken sich bei den Bürgern die den Mut aufbrachten, dem Neuaufbau auf die Beine zu helfen, eine Entschuldigung zukommen zu lassen kommt sowieso Keiner!

Große Ausdauer, Beharrlichkeit und persönliche Erniedrigung führten letztendlich zu einigen Kreditbewilligungen, zum Bauen und zur Warenbestandsbildung.
Immer habe ich mir einen buchhalterischen Überblick verschafft um mich nicht zu weit „ aus dem Fenster zu lehnen“! Deckte der Warenbestand die Kreditsumme war ich der Meinung könne nichts passieren. Im Falle einer Insolvenz könnte ich den Warenbestand dagegensetzen, der sowieso vorfinanziert war. Auf diese Weise schädige ich keinen meiner Lieferanten und Grundstück und Gebäude sind unantastbar.

Welchen riesengroßen Irrtum ich aufgesessen bin wurde mir erst Jahre später klar, als ich Gebrauchtmaschinen auch aus Konkursmassen zum Weiterverkauf und Eigenbedarf aufgekauft habe. Die Bewertungen des Inventars insolventer Betriebe durch den Konkursverwalter liegen bei 50 % und weniger. Bei Neuwaren maximal die Hälfte des

Nettoeinkaufwertes und bei Gebrauchten ist es ein Verschleudern, des meist hart Erarbeiteten des Betriebsinhabers! Den das Schicksal oft unverschuldet getroffen hat, nur weil er seine Außenstände nicht beglichen kam. Langwierige und teure, nutzlose Gerichtsverfahren kamen und kommen meist noch hinzu, nur eine Lobby verdient dabei, Derjenige, den es getroffen hat wird bettelarm! Hätte ich all meine „Nicht eintreibbaren Forderungen" ständig zur Verfügung gehabt wäre eine Kredittilgung zum Teil auch vor Ende der regulären Laufzeit möglich gewesen. Daran hat allerdings nur der Kreditnehmer ein finanzielles Interesse, niemals ein Kreditgeber, er will sein Geschäft machen und hat seine in der Politik beschäftigten „Assistenten" darauf eingeschworen!

Es ist fast nicht zu glauben, hat man als Händler heute eine Lieferung an einen Kunden getätigt und morgen meldet dieser Insolvenz an, gehört die nicht bezahlte neue Ware in die Konkursmasse! Leider habe ich auch einige dieser bitterbösen Erfahrungen machen müssen. Daraus hat sich meine Meinung zum gültigen Insolvenzrecht gebildet, ich nenne es „gesetzlich geschützte Wirtschaftskriminalität"!

Zum Steuerrecht einige unfassbare traurige Tatsachen, dass Millionen schwere Steuersünder Narrenfreiheit genießen ist allgemein bekannt. Dafür sucht man beim Kleinen das Haar in der Suppe. 1994 mit dem Bau des Verkaufsraumes haben wir eine kombinierte Heizungsanlage eingebaut. Einen Ölofen und ein Holzofen für naturbelassenes Scheitholz. Der Holzofen hat die Priorität, sobald er beheizt wird schaltet der Ölofen ab. Neun Hektar Wald sind vorhanden, den gilt es zu Pflegen. Brennholz fällt reichlich an, so war meine Meinung, was wir an Holz verbraucht haben in all den Jahren liegt weit über dem Heizmaterialbedarf des Wohnhauses und somit ist das verbrauchte Öl ausschließlich dem Gewerbebetrieb zuzuordnen und die Umsatzsteuer des zugekauften Öles abzugsfähig. Hinzu kommt die Wald- und Holzarbeiten haben wir ausschließlich am Wochenende durchgeführt, also in unserer Freizeit. Das Finanzamt sah das anders, bei einer gemeinsamen Heizanlage für Gewerbe und Wohnbereich ist halbe – halbe zu rechnen und die Umsatzsteuer des verbrauchten Öles für das Wohnbereich ist zu entrichten!

Das war der erste Streich, der zweite folgt sogleich. Meine blinde Schwester Lieselotte war ja mit Vater ins Obergeschoß gezogen.

Nachdem Vater verstorben war habe ich sie zu einem mehr nur symbolischen Mietpreis wohnen lassen.

Die Tiefenprüfung fand heraus, dass die Miete unter 22% der ortsüblichen Miete lag und das ganze als Geschenk zu bewerten ist und somit steuerlich nicht abzugsfähig! Das hätte unser Steuerbüro wissen müssen, es war unbeachtet geblieben und es war eine Steuernachzahlung zu diesem Punkt von 3.600 € fällig. Dass der Staat über all die Jahre sich den Sozialzuschuss für Wohnraum einer behinderten Person gespart hatte, dafür fand sich keine Waagschale, auch der Blindenverband konnte nicht weiterhelfen. Liebe Leser bitte machen sie sich selbst ihr Bild von unserer freiheitlich, demokratischen Bundesrepublik, die so gern Weltpolizei in Sachen Menschenrechte und Humanität spielt.

Der Holzspalter zum Anbau an einen Radlader ist Eigenbau, er entwickelt eine enorme Kraft

In der zweiten Hälfte der neunziger Jahre, als mir die Arbeit über den Kopf zu wachsen drohte und die „Stallwohnung" leer stand, kam mir der Gedanke eine Art Hausmeister wäre auch nicht schlecht . Im Neustädter Auffanglager für Wolgadeutsche Spätaussiedler lernte ich Familie Kling kennen. Erwin's erste Worte zu mir waren, da draußen waren wir die Faschisten und hier sind wir die Russen!

Zu Stalins Zeiten war eine Deutsche Mark in der Jackentasche das standrechtliche Todesurteil, sagte er. Schlimme Erfahrungen hatte er mit

Kosaken gemacht, die arbeiten nicht, halten dir ein Gewehr vor und nehmen dir Alles, so seine Worte!

Sie freuten sich riesig eine neue Heimat gefunden zu haben, es entstand ein sehr gutes Verhältnis mit familiärem Anschluss. Stalin hatte die Wolgadeutschen aus ihrem Siedlungsgebiet vertrieben. Familie Kling kam geradewegs aus Kasachstan. Erwin erzählte mir, dass zwischen den Einheimischen und den Vertriebenen ein eiskaltes Verhältnis herrschte. Die Pausenmahlzeiten während der Arbeit wurden stets in verschiedenen Grüppchen eingenommen. „Neuland unter Pflug“ war ein Politikum zu Crustschows Zeiten, auch in der DDR wurde von den großen Erfolgen berichtet, von der „Sowjetunion lernen heißt siegen lernen“, so die Propaganda!

Erwin hatte mit gepflügt, er beschrieb es mir so. Früh fuhren wir mit unseren Traktoren los, zu Mittag aßen wir unsere mitgenommene Verpflegung, dann wendeten wir und zogen unsere Furchen zurück, um am Abend wieder am Ausgangspunkt zu sein. Mehr als pflügen ist allerdings nie passiert, eine Feldbestellung hat es nie gegeben.

Erwin war sehr geschickt und verblüffte immer wieder mit seinen einfachen russischen Arbeitsmethoden. Leider verstarb er viel zu früh an einem Herzanfall.

Was geschah mit dem Volksvermögen der DDR – Betriebe und mit den auf hohen Niveau ausgebildeten Fachkräften

Wir werden Ostdeutschland in blühende Landschaften verwandeln, so Helmut Kohl der „Einheitskanzler". Was geschah wirklich und wer hat davon profitiert?

Glaubt man den Medien ist alles in Butter, ja und genau die musste an den Mann, sprich Verbraucher gebracht werden. Man brauchte eine intakte Infrastruktur um die Ostdeutschen als Verbraucher flächendeckend zu erreichen. Ein altes Sprichwort sagt, „schaue ihnen nicht auf den Mund was sie da reden, schaue ihnen auf die Hände was sie tun"!

Dazu hatte ich reichlich Gelegenheit als fahrender Leiternhändler. Tag, täglich war ich unterwegs zwischen Altenberg und der Cottbuser Autobahn, der tschechischen und polnischen Grenze, westlich bis Freiberg, Ortrand und bis zum ehemaligen Industriegebiet um Lauchhammer. Leider habe ich damals keine Dokumentationen von der Demontage der ostdeutschen Industrie angefertigt, ein Fehler der nicht korrigierbar ist und den ich heute bedaure.

Das Ebersbacher „Zentrum" mit der Spree nach Abriss der Stammfabrik jetzt eine „blühende Landschaft"

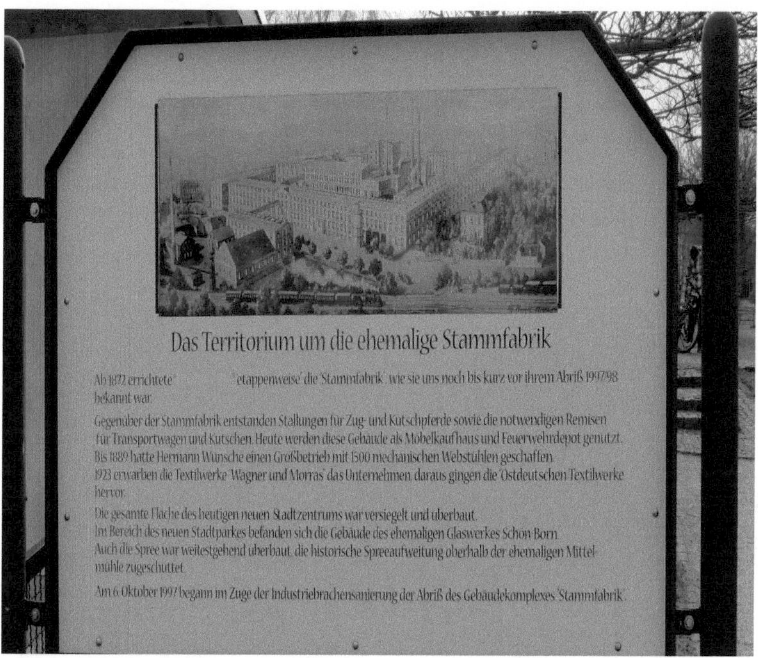

Das Terrain der „Stammfabrik" von der Spree durchzogen, B98, Ebersbach an der Ecke Abzweig Spreedorf / Neugersdorf, eine versteckte Informationstafel, nach der man suchen muss

Viele Dinge habe ich noch gut in Erinnerung, einige möchte ich schildern.

Als ich nach Olbersdorf bei Zittau kam, war das Niederdorf ein „Geisterort". Unter dem Ort liegt Braunkohle, es lief deren Erschließung für den Bedarf des Kraftwerkes Hagenwerder. Die Einwohner waren in Plattenbauten ins Oberdorf umgesiedelt worden. Wie ist einem ehemaligen Grundstücksbesitzer zumute, der ein Leben für sein Grundstück gelebt hat und dann in ein „Wohnsilo" verfrachtet wird?

Die Anwesen waren zu DDR- Bewertungsrichtlinien entschädigt worden, das Kraftwerk war plötzlich mit der deutschen Einheit übrig. Mittlerweile ist es auch abgerissen. Die Olbersdorfer Einwohner konnten ihre Anwesen von der nun privatisierten Bergbaugesellschaft zurückkaufen, allerdings jetzt zu westlichen Tarifen.

Heute ist der Ortsteil wieder besiedelt, die Häuser schmuck hergerichtet. Ich wünsche den Einwohnern, dass sie in Ruhe und Frieden leben können und nicht im Zuge der „Energiewende“ plötzlich die Olbersdofer Kohle wieder gebraucht wird!

Immer wieder wenn ich in die Oberlausitz fuhr hatten die Arbeiter „Ihre“ Fabrikgebäude geschmückt, mit „schwarzen Fahnen“ auf Dächern und an Fassaden!

„Baumwolle“ wurde sie genannt, sie war mit schwarzen Fahnen „geschmückt“ Foto vom Februar 2014 , Walddorf bei Eibau

Im Sebnitzer Raum war es die Kunstblumenindustrie, in Neustadt die Landmaschinenindustrie, in der Oberlausitz die Textilindustrie, auch die „Phänno“- minalen Roburwerke in Zittau gingen denselben Weg wie das Cunewalder Motorenwerk.

Es ging nicht nur ums „Plattmachen“ eventueller Konkurrenz, nein die gut ausgebildeten Fachkräfte der DDR waren im Westen sehr willkommen, sie durften nun „pendeln“, wurden unterbezahlt und der westdeutsche Kapitalismus sparte sich für viele Jahre erhebliche Ausbildungs - und Lohnkosten !

Heute schreit man wieder nach Fachkräften aus dem Ausland, ja auch ehemalige DDR- Bürger erreichen mal ihr Rentenalter, wenn es auch heute noch Völkerrechts- und Grundgesetzwidrig honoriert wird!

1945 räumten die Russen die Werkhallen aus, jetzt taten es Deutsche bei Deutschen. Mit nichts wurde nach dem Krieg wieder angefangen, mühevoll unter unsagbar vielen Entbehrungen schafften die Ostdeutschen ihr „Wirtschaftswunder“ der 60ziger Jahre! Danach das gewollte „Kaputtrüsten“ und der „Schwindelkurs“ des Westens, gepaart mit der Sturheit und Unbeweglichkeit der Parteiführung machten nach und nach das Erreichte zunichte.

Wir 16 Millionen Ostdeutschen zahlten um die 760 Mrd. Kriegsreparationen an die Sowjetunion, im Westen gab es den „Marschallplan! Wir Ostdeutschen haben zur Wende den 2. Weltkrieg zum zweiten Mal verloren, nur das es ein „kalter Krieg“ war! 24 Jahre nach der „Einheit“ werden wir nach wie vor diskriminiert! Noch werden wir als Bittsteller des „Beitrittsgebietes“ klassifiziert!

Welche Rolle spielte Schalk - Golodkowski mit seinem Ko-Ko-Programm (kommerzielle Devisenbeschaffung) im Gewirr der „ungesetzlichen Zeit“ in und um die Wende. Warum wohl wurde er als hochrangiger Stasioffizier von der Bundesdeutschen Justiz mit Samthandschuhen angefasst?

In Neustadt war der Elektrowerkzeughersteller „Fritz Gross“ ansässig, nach 1973 als die Kühe weg waren, vermietete ich einen Teil der Scheune als Lagerraum an diesen Betrieb. Gelagert wurden grüne Verpackungskisten mit dem Firmenaufdruck „Bosch“. Unter falschen Namen wurden die Werkzeuge aus Neustadt in alle Welt verkauft.

Eigentlich ein schöner Erfolg für Ostdeutsche Qualitätsprodukte, wären nicht die aufdiktierten westlichen Schleudereinkaufspreise gewesen. Der Einkäufer dieses Betriebes war lange Jahre Zugführer der FFw Berthelsdorf, er erzählte manchmal nach Dienst am Biertisch, „die waren wieder da“, mit Spitzfindigkeiten wurde an den Finalprodukten herumgemäkelt, nur mit einem Ziel, den sowieso miserablen Einkaufpreis noch weiter zu drücken um selbst „Gaunerhafte“ Höchstprofite zu erzielen!

1972 war auch dieses Werk der Verstaatlichung anheim gefallen und hieß nun VEB „Spezialelektrowerkzeuge Neustadt in Sachsen“. Im Einzelhandel waren die, ich sage es hier sehr nachdrücklich, „hochwertigen“ Erzeugnisse bei uns im Osten nicht erhältlich. Nur durch die Beziehung der Lagerraum- Vermietung gelang es mir eine Handkreissäge zu erwerben. Sie besaß eine exzentrische Verstellung der Schnitttiefe. Ich habe sie nicht geschont und sehr, sehr viel gewerkelt, zu

Längstrennschnitten schraubte ich sie unter einen selbst geschweißten Tisch oder verwendete sie auch zum trennen von Terrazzoplatten. Eine Säge mit einer solch ausgeklügelten Tiefenverstellung gibt es nicht wieder, als ehemaliger Händler kenne ich die Maschinentypen aller Hersteller der westlichen Welt. Reichlich zwanzig Jahre war sie mir zu einem unentbehrlichen Helfer geworden. Als sie nach der Wende ihr Leben aushauchte, kaufte ich als Fachhändler nur Profiwerkzeuge, in zwanzig Jahren brauchte ich drei Sägen und hatte bei weiten nicht mehr so viel Zeit zum werkeln!

Noch ein Beispiel, vorsichtig ausgedrückt, „unseriöser Einkaufspraktiken". Für einen Maschinenhersteller fungierten wir als „Haupthändler", es gab mal eine Einladung zur Betriebsbesichtigung mit Produktvorführung im westlichen Stammbetrieb am Samstag und am Sonntag einen schönen Ausflug mit gemütlichem Beisammensein am Abend. In dieser gemütlichen Runde erzählte der Geschäftsführer von seinen Einkaufgesprächen in der ehemaligen DDR, wörtlich: „Die waren ja so blöd, als der Einkaufpreis nicht mehr verhandelbar war, kauften wir nicht mehr nach Stückzahl, sondern nach Gewicht die Maschinen"!

Ich lernte einen Handelsvertreter kennen der zur Zeit der Abwicklung des Zwickauer „Trabbi - Werkes" bei der Treuhand in Berlin arbeitete. Er sagte mir, dass die Auftrags- und finanzielle Lage des Werkes gut war und genügend Aufträge aus osteuropäischen Ländern vorlagen, eine Abwicklung wäre nicht erforderlich gewesen. Es herrscht kein Zweifel man wollte den Markt nicht teilen und gute Fachkräfte brauchte man im Westen! Es gab aber auch noch eine andere Art von Industriesanierung. In die Klauen solcher „seriöser" Investoren geriet das Neustädter „Fortschrittwerk" mehrmals, die „Hohwaldklink" traf es auch. Es ging um das Abfassen von Fördermitteln durch Betriebsübernahmen zwecks „Sanierung und Neuaufbau". Nach Ablauf der Bindefrist kam stets die Betriebsschließung, zurück blieben Arbeitslose und leere Werkhallen, der marode Stammbetrieb, oder das Privatkonto war saniert!

Wie und was hat die Politiker zur Schaffung derartiger „Rechtsgrundlagen" und zum „Wegsehen" veranlasst? Mich würde interessieren, wie kommen sie mit ihrem Gewissen zurecht, falls eines vorhanden ist.

Am 1.7. 1990 wurden alle volkseigenen Betriebe auf der Grundlage des „Treuhandgesetzes" in Aktiengesellschaften umgewandelt und damit dem „Beutezug Ost" grünes Licht gegeben!

8.500 Gesellschaften entstanden mit 45.000 Betriebsstätten und etwa 4 Millionen Beschäftigten. Nach einer Schätzung des ersten, später erschossenen, Treuhandchef's Rowedder belief sich das Gesamtportfolio auf 600 Mrd. DM.

Stellt sich die Frage inwieweit war das westdeutsche Treuhandgesetz völkerrechtlich auf das volkseigene Vermögen der Ostdeutschen anwendbar?

Die Treuhand übernahm ferner 2,4 Mio. Hektar Land - und forstwirtschaftliche Flächen, das Vermögen und die Liegenschaften der Stasi und der NVA, sowie umfangreichen Wohnungsbesitz und das Vermögen der staatlichen Apotheken.

Am 3.10.1990 ging das Vermögen der Parteien und Massenorganisationen ebenfalls an die Treuhand über. Birgit Breul, als zweite Treuhandchefin hat gesagt, schnell privatisieren, weil wir der Auffassung sind, dass schnelles Privatisieren die beste Form der Sanierung ist! Bleibt die Frage offen, für wen am Besten?

Nach Auffassung der Bundesregierung war aufgrund der „Einmaligkeit" des Sachstandes eine Haftungsfreistellung des Treuhandvorstandes sachlich geboten!

Mit dem Bauchgefühl der Ostdeutschen beschrieben, greift zu bedient euch es kostet nur eine symbolische Mark und ist straffrei!

Wann wird diese dreckige Wäsche gewaschen, weiß wird sie nie werden!

Bauen, bauen, bauen...
Im Vordergrund stand stets die Eigenleistung

Vorm Baubeginn der Werkstatt zur Kfz- Pflege, die auch heute noch als Werkstatt und Waschhalle genutzt wird, entkernten wir den vom Vater gebauten Kuhstall, es wurde die erste Wohnung für Lutz. Beim Umbau im Wohnhaus habe ich stets darauf geachtet, dass abgeschlossene Wohnungen entstehen. In einem ehemaligen Wohnstallhaus kein unerheblicher Aufwand. Eine Kleinkläranlage wurde in die Jauchegrube eingebaut und Mitte der Achtziger Jahre die ersten WC's installiert.

Mit der Wende wurde eine weitere Gewerbliche Nutzung des Hofes unabdingbar, wie will man als normaler Arbeitnehmer die Unterhaltung eines solchen Dreiseitenhofes finanzieren, ohne Lottogewinn nicht machbar! Eher trifft dich dreimal der Blitz, bevor du einmal das große Los gewinnst, die Worte meines Vaters!

Eine Umnutzung zum gemischt genutzten Wohn- und Gewerbegrundstück erfordert entsprechende Zufahrt- und Parkmöglichkeiten. Der dreiseitig geschlossene Innenhof bot nicht allzu viel Platz. Eine zweite Grundstückszufahrt wurde unbedingt erforderlich. Da dem Grundstück ein Mühlgraben vorgelagert ist hieß es eine weitere Brücke bauen. Zwei Jahre 1991/92 kämpfte ich um deren Baugenehmigung. Mehrere Projektänderungen forderte das Straßenbauamt und außerdem habt ihr ja eine Grundstückszufahrt, ließ man verlautbaren.

Ich erteile euch eine schriftliche Genehmigung, ihr dürft auf der Straße Be- und entladen, so der zuständige Beamte! Die Dorfstraße war vorm Bau der Ortsumfahrung sehr stark frequentiert, welche unglaubliche Behördenwillkür gepaart mit Arroganz und befohlener Verkehrsgefährdung!

1993 bekam Sachsen ein neues Baugesetz, nach dem waren Brücken dieser Spannweite nicht mehr genehmigungspflichtig, ohne weiter zu fragen habe ich gebaut. Hinzu kam ein befestigter Weg bis hinten rauf, rund um den Gemüsegarten als Umlenkmöglichkeit und eine Anbindung zum Innenhof, dazu Kundenparkplätze und Abstellmöglichkeiten für die Maschinen des Mietparks. All dies habe ich eigenhändig mit Natursteinpflaster befestigt, das „Pflastern" wurde zu einem richtigen „Hobby"!

Bau der zweiten Grundstückszufahrt,
Einbau von Kanalelementen als verlorene Schalung

Mein neues „Hobby" pflastern hier vorm künftigen Ladeneingang

Heute frage ich mich manchmal, wie hat man dies Alles nur geschafft?

Den Innenhof hatte bereits Vater in den Fünfzigern gepflastert, ich kann mich noch gut entsinnen wie ramponiert unsere Knie als Kinder aussahen, wenn wir wieder einmal das erst frisch geschlagene, mit den natürlichen Kristallspitzen versehene scharfkantige Pflaster „gemessen" hatten.

Die „Stallwohnung" hat kein Kinderzimmer, da unser eigenes Schlafzimmer mit ins Erdgeschoß verlegt worden war. Erfreulicherweise kamen zwei Enkelkinder bei Lutz und zwei bei Ute. Ute war nach Niederottendorf gezogen, auf Reinhard's Hof, ihr Tom hatte ihn von seinem Opa Gottfried geschenkt bekommen, da ihn die eigentlichen Erben nicht haben wollten. So war Platz geworden und überm ehemaligen Stall entstand eine größere Wohnung für die Familie von Lutz. Die „Stallwohnung" wurde zeitweise vermietet heute wohnt Enkelin Steffi drin und es wird nun der Boden ausgebaut, denn unsere Urenkelin „Lilly" war dieser Tage gerade zwei Jahre alt.

Am 20. 5. 2007 zog abends gegen 21 Uhr ein fürchterliches Unwetter über unser Gebiet. Es war eine Art Hurrikan mit mehreren Wirbeln, die wie hüpfend übers Land rasten. Solch ein Monsterwirbel erfasste das Scheunendach, wirbelte die Dachziegel hoch, so dass diese alle anderen Dächer im Hof zerschlugen und sogar bis auf der Straße lagen. Wir waren gerade zu einer Geburtstagsfeier im Bischofswerdaer Ortsteil Pickau. Dort hatte es das Blechdach eines Supermarktes wie den Deckel einer Konservendose aufgerollt und auf die Anhöhe Richtung Butterberg befördert. Gegen den Horizont des Abendhimmels sah es aus als wäre gerade ein Ufo gelandet!

Wir besahen uns gerade dieses Gebilde als wir nach Hause gerufen wurden. Die Geburtstagsfeier war beendet. Zu Hause angekommen, war der Hof hell erleuchtet und viele freiwillige Helfer aus der Nachbarschaft und dem Bekanntenkreis schon beim Aufräumen und zumindest einen Teil der Scheune notdürftig abzudecken.

Bei allem Unglück war es ein wunderbares Gefühl so viel uneigennützige Hilfe in der Not zu erfahren. Allen die dabei waren noch einmal ein großes Dankschön!

Auch im Wald, den Lutz von der Treuhand erworben hatte war eine große Fläche dem Sturm zum Opfer gefallen. Der siebenundvierzigjährige Bestand war wie Mikadostäbchen hingeworfen.

Beseitigung des Sturmschadens durch die Firma Schlenker 2007

Alles was anfällt sinnvoll nutzen und verwerten, so bin ich erzogen und so werde ich auch bleiben.

Ein mobiles Sägewerk, schon länger „träumte“ ich davon, auf Messen hatte ich mich umgeschaut. Jetzt wurde es gebraucht, um den Windbruch sinnvoll aufzuarbeiten. Da überdachte Lagerfläche nie genug vorhanden sein kann, schwebte mir schon längere Zeit der Bau einer Lagerhalle vor. Eine Größe von 10 mal 20 Metern war angedacht.

Der Bauantrag wurde abgelehnt, statt einer Baugenehmigung bekam ich die Auflage einen „unberechtigt im Außenbereich eingerichteten Lagerplatz“ zu beräumen! Besitzt einen Hof von 16 Hektar und dann so was! Ich wusste nicht was überwog Frust, Wut und Zorn, es half nichts eine Lösung musste her. Mir war bekannt das Landwirte in der BRD privilegiertes Baurecht im Außenbereich genießen. Nun wollte ich mit meinem Landpächter, ein Widereinrichter aus dem Dorfe über einen Lösungsweg reden, dazu besuchte ich ihn auf seinem Hofe.

Zwei Jahre zuvor hatte ich ihn aufgefordert eine Ergänzung zum langjährigen Pachtvertrag zu unterschreiben. 2005 wurden durch die EU die Zahlungsansprüche vom Land abgekoppelt. Derjenige der gerade in dieser Zeit das Land bewirtschaftete, hatte künftig den Fördermittelanspruch, auch wenn er dieses nicht mehr bewirtschaftete. 300.- Euro je Hektar und Jahr betrugen zu dieser Zeit die „Zahlungsansprüche“, wie es im Beamtendeutsch genannt wird. Bei Erfüllung bestimmter Kriterien und natürlich entsprechender Antragstellung für Landwirte und nun auch für Andere eine planbare Größe und Handelsobjekt, analog der „Milchquote"!

Das Abkoppeln dieser Gelder vom Hektar Land, was eigentlich jeglicher Logik zuwiderläuft, öffnete Spekulationsgeschäften mit landwirtschaftlicher Nutzfläche Tür und Tor. Zwei Jahre später setzte auch ein großer Landankauf von Konzernen im Norden des Ostens ein! Hatten gewisse Lobbys ihre Wünsche in Brüssel durchgesetzt?

Ich jedenfalls war der Meinung, diese Ansprüche sollten beim Land bleiben, gleich wer es bewirtschaftet! Mein Pächter sah natürlich nur seinen Vorteil, er unterzeichnete die Pachtvertrags-Ergänzung nicht und hatte auch vergessen, dass ich mein Land auch Anderen hätte verpachten können. Meine Meinung war allerdings, wenn schon verpachten, dann an Jemand der ortsansässig ist.

Ganz bewusst habe ich diese Angelegenheit auf seinem Hofe nicht angesprochen, ich wollte auch keine Fläche selbst bewirtschaften, ich wollte bauen! Er ließ mich wie einen dummen Jungen auf seinem Hofe stehen, daraufhin habe ich den Pachtvertrag gekündigt! Kurze Zeit später hatte ich eine Klage gegen diese Kündigung an der „Backe". Das Gerichtsurteil lief auf einen Vergleich hinaus, fünf Hektar durfte ich nach Aberntung gleich bewirtschaften, den Rest er noch für zwei Jahre. Die Fördermittel nimmt er noch heute unverdienter Weise in Anspruch, sicherlich auch solange bis es von der EU eine Neuregelung gibt.

Nun war ich wieder Landwirt geworden, wenn auch nur im Nebenerwerb!

Die Baugenehmigung für die Halle konnte mir nun nicht mehr verwehrt werden, allerdings durfte ich auch nicht einen Meter ins „Außenbereich" bauen, was mit dem einschlägigen Baugesetz nicht konform ging. Von einem Rechtsstreit mit der Baubehörde habe ich auf Grund meines nahenden Rentenalters abgesehen und so hat die Halle nur eine Grundfläche von 7 mal 20 Metern. Sie wurde völlig aus selbstgeschnittenen Windbruchholz in Eigenleistung gebaut!

Plötzlich bekam ich Post von der landwirtschaftlichen Krankenkasse, dass sie eine Priorität gegenüber allen anderen Kassen besitzt war mir unbekannt und bis heute kann ich keine Logik erkennen! Jedenfalls hatte ich ohne mein Wissen die Zugehörigkeit zur Krankenkasse gewechselt!

Was der Steuerzahler für Empfindungen hat ist ja auch völlig uninteressant, eine Rechnung von ca. 780 € wurde mir sofort präsentiert, obwohl ich bei der „Barmer" nicht im Zahlungsrückstand war. Ein nicht vorhersehbarer Kampf mit bürokratischen Unmöglichkeiten begann. Auch die Barmer wollte gleich meine Versicherungskarte zurück haben, obwohl ich seit der Wende dort Mitglied und nicht einmal zahlungssäumig war!

Bau der Lagerhalle in Eigenleistung ,
im Vordergrund Wurfholz für's Sägewerk

Zu einem abgelehnten Widerspruch der „Denkmalbehörde" hatte ich allerdings Klage eingereicht. Das ehemalige Ausgedinge, ein Fachwerkbau wurde etwa Mitte der Neunziger ohne jegliche Vorgespräche per schriftlichen Bescheid unter Denkmalschutz gestellt, dazu hat man auch Wochen vorher ohne Anmeldung und Zustimmung der Eigentümer alle in Frage kommenden Grundstücke im Ort betreten! Eine Anmaßung alter, aus DDR- Zeit übernommener Beamte?

Als 2007 nach dem Sturmschaden die Gerüste standen, sollte dieses Gebäude mit saniert werden. Der hintere Gebäudeteil des ehemaligen Pferdsstalles war bereits fertig, und ich habe den „Denkmalschützern gezeigt, so soll es fertig aussehen. Eine Zustimmung das ehemalige

Schieferdach mit Falzziegeln, wie die anderen Gebäude des Hofes einzudecken, hatte ich bekommen.

Nun ging es um die Fassade, neue der Wärmeschutzverordnung entsprechende Fenster sollten eingebaut werden. Die alten Fenster zweiflüglig mit je zwei Sprossen getrennt, also sechs Scheiben je Fenster sollten mit nach außen abklappbaren Sprossenrahmen gefertigt werden. Ein einfacheres Putzen der Fensterscheiben war das Ziel meiner Vorstellungen. Sturheit vor Kompromiss, ich sollte die alten Fenster wie in einem Museum restaurieren, auf meine Frage nach dem gesetzlich geforderten Wärmeschutz, war die Antwort ich sollte innen noch ein Fenster vorsetzen, ja wie funktioniert so was bei einer 14 cm starken Fachwerkwand?

Die Fassade wollte ich so, wie es am angrenzenden Gebäudeteil, dem ehemaligen Pferdestall zu sehen war, sanieren. Putzgewebe über alles befestigen, danach Bretter auf die Balken schrauben und das Fachwerk ausputzen. Auf diese Art bekommt der Verputz einem ordentlichen Halt auf dem Lehm - Strohgeflecht des Fachwerkes.

Entrüstung bei den Herren der unteren und oberen Denkmalbehörde, Putzgewebe gehört überhaupt nicht an ein denkmalgeschütztes Haus, ich sollte mir doch mal die schöne Fassade des Erbgerichtes Berthelsdorf ansehen!

Dummerweise hatte ich als Jugendlicher in den Sechzigern im Rahmen des NAW (nationales Aufbauwerk), es war freiwillige unbezahlte Arbeit, bei der Restaurierung dieser Fassade mit geholfen. Damals gab es anstelle von Putzgewebe so genanntes Ziegeldrahtgewebe, welches aufgenagelt wurde, danach die Bretter drauf und dann das Fachwerk ausgeputzt, nicht anders wollte ich es machen! Dieser Ortstermin eskalierte an der Arroganz, Blindheit und dem behördlichen Dinkel der beiden Beamten. Die Baugerüste standen und es ging nichts, das hatte ich all die Jahrzehnte bei meiner Bautätigkeit noch nicht erlebt. Vom Steuergeld der Bürger hoch bezahlte „blinde" Staatsbedienstete schikanieren die Hausbesitzer bis aufs Blut, vor derartiger überheblicher Blindheit schützt auch ein Doktortitel nicht.

Seit der Betriebs- und Grundstückübergabe an die nächste Generation zum 1.1.2007 habe ich auf die Geschehnisse keinen Einfluss mehr, die Klage gegen die Denkmalbehörde wurde zurückgezogen.

Jedes mal wenn ich vor die Haustür trete und sehe den nun Mittlerweile verlotterten Gebäudeteil denke ich an jene Herren und es stößt mich bitter auf!

Luftbild des Hofes aufgenommen 2006

Eingemeindungen und ländliche Identität sind wie Feuer und Wasser

Die Zusammenlegung der zwei Ottendorfer Ortsteile mit Berthelsdorf 1952 hatte ich bereits erwähnt. Rugiswalde und Langburkersdorf waren auch schon zu sozialistischen Zeiten vereint worden. Rückersdorf wurde Berthelsdorf zugeschlagen, dies geschah gleich nach der Wende. Neustadt vereinamte Polenz und Krummhermsdorf, dabei stand die Frage, wenn schon warum Berthelsdorf, Rückersdorf und Langburkersdorf nicht auch gleich mit. Die Bevölkerung wurde nicht gefragt. Einige Berthelsdorfer Ratsmitglieder sprachen sich gegen Neustadt aus und so wurde aus Langburkersdorf, Rugiswalde, Rückersdorf, Oberottendorf, Niederottendorf und Berthelsdorf die Gemeinde „Hohwald" aus dem Boden gestampft.

Es kam zu spektakulären Irrtümern im Zustellwesen und die Klinik Hohwald wurde zum Wendeplatz für Speditionsfahrzeuge!

Neue Ortsschilder, Umbenennung von Straßen, neue Hausnummern, Amtswege für die Bürger, Investitionen in neue Verwaltungsräumlichkeiten. All das unter der Maßgabe es wird alles billiger und einfacher!

Mit erreichen des Rentenalters des Neustädter Bürgermeisters vollzog sich das Gleiche aufs Neue. Erst zwei Jahre zuvor hatte man in der Gemeinde Hohwald eine Neuheit entdeckt, man führte tatsächlich eine Bürgerbefragung zum Thema Anschluss an Neustadt durch. Die Bevölkerung entschied sich dagegen. Der Bürgermeister nahm im Amtsblatt dazu Stellung und tat Kund, man wisse nun woran man ist und kann sich darauf einstellen! Keiner hat damals gewusst wie das gemeint war. Als der Neustädter Bürgermeister das Rentenalter erreichte, stellte sich Hohwald's „Meister der Bürger" in Neustadt zur Wahl und gewann. Danach war Hohwald „Verwest", so das Amtsdeutsch, ja es stank tatsächlich zum Himmel mitten in einer Legislaturperiode wurde „Sack gehauen"!

Betrieblich war ich sehr viel im Außendienst unterwegs in den Jahren 1992 bis 2008 und bin viel herumgekommen. Ich konnte mir sehr viel anschauen, im sorbischen ländlichen Raum hat man einen Ausweg gefunden, er heißt Gemeindeverband, unter seinen „Fittichen" bleibt die dörfliche Identität der einzelnen Orte erhalten!

Auch der Landkreis fusionierte, nun ist zum Beispiel das Umweltamt in Dippoldiswalde, wer vorsprechen will oder muss, braucht 75 Minuten Fahrzeit von hier aus!

Es entstehen eine Art „Fürstentümer“ man verbarrikadiert sich hinter Telefonwarteschleifen in Schlössern! Unpersönlicher geht's wohl kaum, neuerdings müssen arbeitslos gewordene Arbeitnehmer bis nach Pirna zum Arbeitsamt fahren, in Sebnitz wird nur noch Hatz 4 betreut!

Noch in keiner Veröffentlichung habe ich eine Statistik zu den suggerierten Einsparungen gefunden, alles nur ein „Flop“?

Das „Leuchtturmprinzip“ greift um sich, die Berufsausbildung konzentriert sich auf Dresden, dort kaum in guter Qualität zu bewältigen werden andere Berufsschulen geschlossen oder gleich abgerissen wie in Neustadt, die der ehemaligen „Fortschrittwerker“. Die Jugend wird dem ländlichen Raum entwöhnt! Da muss sich doch der Westen in Russland umgeschaut haben, alle Reiseberichte bestätigten schon immer Weltstadtniveau in den Großstädten und auf dem Land finsteres Mittelalter.

Abriss „Fresswürfel“ der Verpflegungsstätte der „Fortschrittwerker“, Feb.2014

Auch 23 Jahre nach der „Wiedervereinigung" spricht der Volksmund in Deutschland vom Westen, vom Osten und von hinter Dresden!

Tatsächlich ließt man an der A 4 vor Weißenberg „Zittau Stadt der „Fastentücher", ich möchte hier keinesfalls gegen religiöses Brauchtum zu Felde ziehen aber für mich hat „fasten" etwas mit Hunger zu tun und die Region hungert wirtschaftlich tatsächlich!

Früher Industriestadt mit langer Tradition

1992 begann man mit dem Bau des Abwasserkanals durch das acht Kilometer lange Berthelsdorf. 10 Jahre wurde daran einschließlich der Fahrbahnerneuerung gebaut. Der Verkehr wurde einseitig vorbeigeführt, oft zwei Ampeln nur wenige hundert Meter nacheinander. Das führte auf der stark befahrenen Straße zu unbändigen Staus! Mehrmals am Tag meist im Berufsverkehr riesige chaotische Autoschlangen. Manchmal ging stundenlang nichts mehr und Verkehrsteilnehmer kamen ins Geschäft fragen ob sie mal ihre Notdurft verrichten dürften!

Nichts gegen eine saubere umweltgerechte Abwasserentsorgung. Jahrelang kämpften unzählige Bürgerinitiativen, gegen Machtmissbrauch! Überdimensionierte Kläranlagen mit unvernünftig großen Einzugsgebieten sorgten für berechtigten Unmut der Bürger, dazu die jeglicher Vernunft und Logik entbehrende Errechnungsbasis der „Abwasseranschlussgebühr"!

Besitzer großer Grundstücke wurden regelrecht geschröpft! „Irgendwer" im Westen war der Meinung dort ist Geld zu holen. Die Grundstücksgröße und die Geschoßhöhe waren und sind noch heute die Berechnungsgrundlage der Gebühr. Von jeglicher Logik der Anfallverursachung meilenweit entfernt . Der „Irgendwer" im Westen hatte wahrscheinlich nichts davon erfahren, dass nach 30 Jahren LPG - Zeit auf großen Grundstücken nichts mehr zu hohlen war oder man wollte die Besitzer dieser Grundstücke zielgerichtet in die „Schuldenfalle" treiben.

Wie heißt es so schön „die Kleinen leben von der Arbeit, die Anderen von den Kleinen"!

Die ostdeutschen „frei" gewählten Volksvertreter waren oder stellten sich taub oder aber sie wurden zu Statisten gemacht! Für Zig-tausende DM war dann ein Anschlussschacht einen Meter weit im Grundstück. Es bestand gesetzlicher Anschlusszwang, auch bei leerer Kasse musste im Haus der Anschluss hergestellt werden. In den meisten Häusern ein kompletter Umbau bzw. eine Neuinstallation der sanitären Anlagen! Auch in unserem Haus war das erst Mitte der 80ziger gebaute überholt. Die sanitären Anlagen mussten erneut neu gebaut werden. Diese „Vergewaltigung" der Grundstückseigentümer wird für mich immer ein „rotes Tuch" bleiben!

Das Erbgericht Oberottendorf ist eine Betrachtung wert.

Zu meiner Jugendzeit, ein in der ganzen Region beliebtes Tanzlokal, es gab Zeiten da war jeden Sonnabend Tanz mit großen Kapellen wie den Zittauer „Schlagersternen". die ließen gleich eine große Leuchtfarben - Bühnenschau mit vom Stapel. Auch sie hatten sich wie alle Kapellen dem DDR - Reglement unterzuordnen, gespielt werden durften 40% West - und 60% DDR -Schlager. Es gab Kontrollen die mit Spielverbot und Geldbußen bei Nichteinhaltung geahndet wurden. Es durften keine Lieder mit Volksverhetzung und Kriegsverherrlichung enthalten sein. Einige von Heinos Heimatliedern zum Beispiel waren verboten, wegen dem Gedankengut der Heimatvertriebenen und einige wegen Verherrlichung der Fremdenlegion.

Es waren herrliche Tanzabende, mit Eintrittpreisen von 2,10 bis 2,80 pro Person. Beginn zu einer üblichen Dorfzeit um 19.30 Uhr bis 1.00 Uhr. Da musste der Gastwirt dann schon eine Verlängerungsgenehmigung haben, denn 24.00 Uhr war offiziell Polizeistunde.

Waren wir zum Veranstaltungsschluss noch nicht müde wurde noch bei Jemand privat eingekehrt, Kühe melken war ja erst 4 Uhr 45!

Erbgericht Oberottendorf noch mit dem Schild „Bäuerliche Handelsgenossenschaft"

1927 abgebrannt wurde das Erbgericht durch die ortsansässige Baufirma Felix Pohle sehr schnell neu errichtet. Blieb im Eigentum des Erbauers und wurde verpachtet. Küche und ein großer Saal auf einer Ebene, kein Erbgericht oder Kretscham der Region kann dies aufweisen, überall ist der Saal im Obergeschoß. Ein Zeit und Mühe sparendes Auftragen des Essens mittels Servierwagens bei Veranstaltungen nicht möglich. In Oberottendorf bestand die Möglichkeit. Die Gebäudesubstanz wurde durch Jahrzehnte langes Verpachten innen heruntergewirtschaftet. Um 1950 erwarb die Raiffeisengenossenschaft BHG (bäuerliche Handelsgenossenschaft) Oberottendorf das Erbgericht. Es wurde innen malermäßig renoviert, im Obergeschoß eine Bauernstube und einige Gästezimmer eingerichtet. Im Nebengebäude entstand etwas später ein Bauernladen. Die BHG war Nutzer des Güterschuppens vom Bahnhof Oberottendorf und betrieb eine Niederlage in Niederottendorf. Heute ist sie das Gebäude der Lohen - Drogerie. Hier wurden die gröberen Dinge des bäuerlichen Bedarfes wie Saatgut und Düngemittel gehandelt, im Bauernladen die Kleineren. Im oberen Teil wo sich heute der Ladeneingang der Drogerie befindet stand eine Saatgutreinigungsanlage für das wirtschaftseigene Saatgut der Bauern, jeder konnte sie nutzen. Eine Zugmaschine vom Typ „Pionier" und ein Vorgänger des heutigen „Multicar" bildeten den Fuhrpark der BHG.

1950 zum 1.5. wurde die Gaststätte des Erbgerichtes wieder eröffnet, Pächter war Willi Sauer. Eine ganze Reihe von Pächtern sollten ihm in den Jahren bis zur Schließung, folgen.

Die BHG gab mit der Vergenossenschaftlichung des Bauernstandes ihre Präsenz am Bahnhof in Oberottendorf auf und führte noch die Niederlage bis 1987 und den Bauernladen bis 1990. Die anderen Geschäftszweige wurden nach Neustadt verlagert.

Das Erbgericht Oberottendorf wurde 1967 von der bereits erwähnten GE übernommen und weiterhin verpachtet. In dieser Zeit interessierte sich das Fortschrittwerk Neustadt für das Objekt, man wollte es als Schulungsheim mit öffentlicher Gaststätte und Bettenhaus nutzen.

Der Kurzsichtigkeit des Leiters der GE ist es zuzuschreiben, dass dies nicht zustande kam. Dieser Mensch der ja auch mal „ einen Posten" haben wollte, hätte sollen mal die Pfoste vom Kopf unter die Füße legen um über den Zaun zu schauen.

Mit der Vereinigung aller LPG'en des Ortes floss das Erbgericht mit ein und fiel mit deren Konkurs an die Treuhand.

Das Gebäude war massiv, innen heruntergewirtschaftet aber nicht in einem abrisswertem Zustand, nach der Wende gab es Kaufinteressenten, der veranschlagte Kaufpreis der Treuhand lag bei 300.000 DM. Im Verhältnis zu dem was investiert werden musste sehr hoch, die Käufer sprangen ab.

Das Objekt wurde 2001 für 150.000 DM abgerissen! Ein führendes Beispiel von Verschwendungssucht oder aus der Sicht Selbstständiger ein Wirtschaftsverbrechen. Kein Wunder bei solcher Geschäftstüchtigkeit, dass die Treuhand so viel „Nasse" gemacht hat! Seit dem Abriss vor 13 Jahren klafft der ehemalige Standort wie eine „Pockennarbe" im Gesicht des Ortsbildes!

Seit meiner frühen Kindheit stand an der Ecke der Valterstraße ein Straßenwegweiser: Steinigtwolmsdorf 10 km. Auch an der „Viere" oben, direkt gegenüber der Einmündung der Zufahrtstraße zur Hohwaldklink am Abzweig des Schmidtweges stand einmal ein Schild, Berthelsdorf 4 km.

Es war seit jeher die öffentliche Zufahrt. Ab Falterstraße den Kesselberg runter und vorm Wald rechts die „Viere“ rauf zur Hohwaldstraße.

Plötzlich, ohne irgendeine Information der ortsansässigen Bevölkerung, ist die „Viere“ rauf vor etwa drei oder vier Jahren Forstweg geworden, so wie der Seifweg, für den öffentlichen Verkehr gesperrt! Nur Radfahrer Fußgänger und Wölfe dürfen ihn noch benutzen.

Wahrscheinlich gab der sehr, sehr schlechte Zustand der Fahrbahn den Ausschlag diese Verbindung zum Hohwald und zur Hohwaldstraße kommunal los zu werden um nicht etwa irgendwann Baukosten einplanen zu müssen! Den Steuerzahler braucht ja heutzutage „Gott sei Dank“ Keiner mehr zu fragen, der mag sich seinen Zahlungen widmen! Gleiches gilt für die Arbeitnehmer der Hohwaldklinik, man braucht auch nicht Früh beizeiten die Fahrbahn abstumpfen. Nur kommt es dann eben zu stundenlangen Staus und das Personal der Klinik zwei bis drei Stunden später zum Arbeitsplatz wie ich es kürzlich bei meinem Klinikaufenthalt Mitte Januar 2014, nach einem nächtlichen Eisregen selbst miterlebt habe. Das so etwas den gesamten täglichen Arbeitsablauf in so einer modernen Klinik durcheinander bringt ist unausbleiblich! Da keine große Kälte herrschte hätte ein rechtzeitiges „prophylaktisches“ abstumpfen der Fahrbahn Wunder gewirkt. Der Hohwald ist nun mal bergig, steht erst mal ein Fahrzeug, stehen Alle anderen auch. Eine kleine Ortsverbindung ins Dorf herein, wenn auch schmal und mit Ausweichstellen könnte bei Verstopfungen der Hauptstraße bestimmt manchem Autofahrer hilfreich sein. Bis zum Hühnerstall geht es doch auch!

Holprige von ihrem Zustand her ans Mittelalter erinnerte Fahrwege in einem Erhohlungs- und Landschaftsschutzgebiet wie der Hohwald es ist, passen wohl schlicht und einfach nicht mehr in die heutige Zeit und ins Landschaftsbild!

In der Stadt Neustadt ist das meiste sehr schön hergerichtet worden, wenn wir im herrlichen Neustädter Tal den Tourismus ankurbeln wollen gehört auch ein intaktes Umland dazu. Die Verbindung vom oberen Oberottendorf nach Rückersdorf und Lauterbach ist auch noch so ein mittelalterliches Relikt.

Wie wäre es mit einem Höhenrundwander und -radweg ums Neustädter Tal welcher alle wunderschönen Aussichtspunkte vom Langburkersdorfer Laubigt, die Schimminghöhe, den Buchberg in Niederottendorf, den Tannenberg, Wachberg, Fuchsberg und Polenzer Flämigt bis zur Götzinger Höhe anläuft, wohl eine Zukunftstraumvision, allerdings nicht nur von mir! Hoffen wir, dass unsere engste wunderschöne Heimat nicht dem „Leuchtturmprinzip“ anheim fällt oder anders gesagt, dass das Licht auch bis an die Territoriumsgrenze des letzten Ortsteiles scheint!

Neustadt in Sachsen wird wieder Industriestadt, so die große Überschrift des Amtsblattes vom 7. 2. 2014!

6.000 Arbeitsplätze des ehemaligen Fortschrittwerkes nach der Wende platt gemacht, so sahen Kohl's blühende Landschaften direkt vor unserer Haustür aus! Ja Neustadt hat etwas getan in Sachen Industrieansiedlung, in den Nachbarstädten Bischofswerda und Sebnitz kann davon kaum die Rede sein. In Bischofswerda hat man ja sogar bei der Neugestaltung des Marktplatzes nach „einem Schatz gegraben aber eben wie bei den meisten Schatzgräbern erfolglos“.

4.000 sozialversicherte Arbeitsplätze gibt es wieder in Neustadt, ein Erfolg, ja allerdings mit einem „Aber“ versehen. Die demographische Entwicklung ist nach wie vor rückläufig, so der Bürgermeister. Die 4.000 Arbeitsplätze sind erfreulich, allerdings sind hier alle Arbeitnehmer des Neustädter Territoriums beinhaltet und somit ist es eine schöngefärbte Zahl gegenüber den 6.000 Fortschrittwerkern vor der Wende.

In meinen Ausführungen zu den Arbeits- und Lebensbedingungen der 80er und 90ziger Jahre in der LPG habe ich geschildert wie man Arbeitskräftezulauf forcieren kann. Es funktioniert in erster Linie nur über die Vergütung, die Arbeitsbedingungen, die Wohnung und dann kommt natürlich das Wohnumfeld, also die Infrastruktur hinzu. Während meines privaten Geschäftsaufbaues hatten stets die Dinge des finanziellen Geschäftserfolges die Priorität, im kommunalen Sektor ist das „Dank“ Fördermittelbereitstellung etwas anders.

Junge Fachkräfte werden 24 Jahre nach der deutschen Einheit noch immer unterbezahlt und das in enormer Höhe, hier die gegenwärtige Praxis. Ein junger Plastikfacharbeiter verdient hier bei einer zwölf Stundenschicht und rollender Woche 1.500 € netto. Nach seinem Wechsel in die Schweiz verdient er in Normalschicht 4.300 € netto, ein Tischlerjungfacharbeiter verdient hier etwa 1.000 €, in Österreich sind es 2.000 bis 2.500 € netto monatlich.

Wie sollen denn gerade junge Leute die sich ihr Leben aufbauen wollen und vielleicht und „Gott sei Dank eine normale Familie" gründen wollen jemals mit ihren Finanzen zu recht kommen! Mit normaler Familie meine ich eine mit eigenen Kindern, so wie es von der Natur geregelt ist.

Familienpolitik davon wird in Berlin über Jahre nur geplappert, geht es um die jährliche Diätenerhöhung wird es sehr schnell konkret, da hat man nach einer Wahl noch gar nicht richtig angefangen zu regieren, wird das schon durchgestellt, Pfui Teufel !!

Die DDR hatte für junge Leute ein super Familienkreditangebot, es gab ab 1972 5.000 Mark und ab 1986 7.000 Mark zinslosen Ehekredit. Vorausgesetzt das 26. Lebensjahr war nicht überschritten und beide Partner zusammen verdienten monatlich nicht über 1.400 Mark. Nach dem ersten Kind wurden 1.000 Mark, nach dem zweiten Kind 1.500 Mark gestrichen und nach dem dritten Kind war der Kredit vollständig getilgt. Die DDR hatte mit Sicherheit viele Probleme, aber mit der Demographie gab es Keine!

„Aber ganz wichtig und letztlich erfolgreich haben sich die Aktivitäten zur Vorbereitung und zum Bau des neuen Autobahnzubringers zur A4/ Anschluss Burkau gezeigt. Ja es gab erhebliche Widerstände.", so der Bürgermeister im oben genannten Amtsblatt.

Es wird so dargestellt, nur einer hat Recht und macht alles richtig, da sträuben sich die Haare. Unter gegenwärtigen Wirtschaftsbedingungen geht natürlich ohne Autobahn nichts. Ob das der alleinig richtige Weg für die Ewigkeit ist bleibt offen. Fakt ist mit Eröffnung der Ortsumfahrung sank der Umsatz in unserem Geschäft um 25%. Da jubeln natürlich die Discounter, denn nur für sie ganz allein und zu ihren Gunsten wird entscheiden! Das zeigt sich nicht nur auf Dörfern, nein schauen wir in die Geschäftsstraßen der Städte, ein kleines Geschäft betreiben kann heute kaum noch Einer. Mit gestaffelten Einkaufspreisen der Industrie für Händler nach Liefermenge hat ein „Kleiner" keine Chance, dazu enorme Lieferkosten und dann noch die Geschäftsmiete, Versicherungen, Energiekosten und so weiter, am Monatsende bleibt nichts zum leben! In den 90zigern konnte man die Weitergabe der Transportkosten an den Endkunden auch mal „unter den Tisch" kehren, seit Einführung der Autobahnmaut ist dies nicht mehr möglich!

Die Ortsumfahrung mit Blick auf's Neustädter Tal und den Unger

Von Anfang an war meine Meinung, wenn eine Ortsumfahrung, dann bitte soweit wie möglich auf dem Gleiskörper der parallel verlaufenden Bahnstrecke Neustadt - Neukirch! Ich erinnere hier an meine Ausführungen zum Entzug landwirtschaftlicher Nutzfläche, wie es hier von Schreibtischtätern geplant und ausgeführt wurde ist ein Verbrechen an der Ernährungsgrundlage unserer Kinder und sollte strafrechtlich verfolgt werden! Das selbige gilt für die Errichtung aller Supermärkte auf der „Grünen Wiese", dort wo Industriebrachen vorhanden sind.

Landwirtschaftlich Nutzflächen sind durch menschliche Bewirtschaftung über Jahrtausende entstanden. Mit ihr wurde der Humus -, Wasser und Nährstoffhaushalt des Bodens fruchtbar gemacht, die Ackerkrume vertieft und somit wertvolle Produktionsflächen geschaffen.

Landwirtschaftliche Flächen sind ein Natur - und Kulturgut von einzigartigem gesamtgesellschaftlichem Wert und stellen ein Vermögen dar.

Es gibt eine Weltgeschichtliche Theorie die besagt, dass die Maya ihre Städte aufgegeben haben, und weg gezogen sind sobald der dem Urwald abgerungene Boden ausgelaugt war!

Nicht nur die Straßentrasse selbst, nein auch die Art und Weise der Ausgleichspflanzungen als Vorlagerung vorm Wald ist so nicht zu akzeptieren, wenn man es schon zur Ausführung bringt, sollten sich die Planungsbüros mit den Ergebnissen der Bodenschätzung und deren Ertragsmesszahlen aus den 1930iger Jahren beschäftigen.

Vorhandene Flächen, die nicht so fruchtbar, kalt, nass oder steinig und mit geringer Ackerkrume sind, sollten Vorrang beim Flächenentzug finden und eine Begradigung der Felder mit beachtet werden!

Minderwertige Flurstücksecken in schattigen Waldnischen mit lehmigem, tonigem oder steinigem Untergrund werden niemals ertragreiche Flächen werden und sollten zur Bepflanzung von Ausgleichflächen genutzt werden!

Ein fragwürdiges Biotop von vielen Hektar längs des Himmlergrabens

Dies gilt analog auch für die Schaffung des Biotopes entlang des Himmlergrabens, die offene parkähnliche Bepflanzung erfordert Pflegemaßnahmen und ein zweimaliges Mähen der Grasflächen im Jahr. Der derzeitige Zustand ist mehr als unbefriedigend, es ist eine nicht zu akzeptierende ungepflegte liederliche Fläche entstanden! Ich habe in derartig verwilderten Flächen noch keinen Storch auf Nahrungssuche gesehen, auch eine Ansiedlung von Vögeln, Hasen und Kleinnagern außer Bisamratten konnte ich nicht beobachten!

Im Dezember 2004 ist der letzte Zug auf der Strecke Neustadt – Neukirch gefahren, sie war für zwei Gleise gebaut aber nur ein Schienenstrang verlegt worden. Damit verweise ich auf die mögliche Nutzung des Bahnkörpers von der Breite her für den Straßenverlauf. Ein bestimmt nicht uninteressantes Rechenexempel für den Bundesrechnungshof hinsichtlich der Einsparung von Baukosten und Minimierung des

Landentzuges. Immer wenn ich eine Rentnerrunde neben Straße und Bahn drehe und sehe die Flächenverschwendung und deren Liederlichkeit kommt mir, auf Deutsch gesagt, der Kakao hoch! Alles in Allem ein abschreckendes Beispiel!

Seit zehn Jahren nicht mehr benutzt und im zuwachsen begriffen die Bahnlinie Neustadt – Neukirch am 12.12. 2004 wurde die Strecke stillgelegt

Meine Zeit bei der freiwilligen Feuerwehr

In der zweiten Hälfte der neunziger Jahre war ich wieder mal im Raum Hoyerswerda mit dem „Leiternauto" auf Verkaufstour. In einem Waldstück zwischen den Dörfern Burghammer und Burgneudorf fuhr vor mir ein LKW mit Kofferaufbau, plötzlich zog er eine Rauchfahne hinter sich her , ja es wurde rasch schlimmer und helle Flammen schlugen aus dem Fahrzeug. Es dauerte eine Zeit bis er meine Signale hinter sich vernahm, ein Überholen war auf der schmalen Straße nicht möglich. Zufällig war ein großer freier Platz am Straßenrand, ich dirigierte in dorthin. So war ein Übergreifen des Feuers auf den trockenen Kieferwald erst einmal unterbunden. So schnell wie es ging bin ich nach Burgneudorf gefahren und habe die Sirene ausgelöst.

Die Sirene befand sich direkt auf dem kleinen dörflichen Gerätehaus, nur auch nach dem zweiten und dritten Alarm kam nicht ein einziger Kamerad. So etwas kannte ich noch nicht, ein älterer Mann sagte mir, da ist Keiner mehr, die Paar die noch sind, arbeiten im Westen!

Der LKW musste abbrennen, welch schauerliche Geschichte und „neue" Erfahrung für mich! Seit meinem 17. Lebensjahr war ich leidenschaftlicher Feuerwehrmann.

Mit primitivster Ausrüstung, einem alten Wehrmachtsstahlhelm, einer Jacke mit Koppel, so rannten wir los, wenn Hilfe nötig war. Auf einen Spritzenanhänger ohne Zugfahrzeug mit einer „Flader" Motorspritze konnten wir im Ernstfall zugreifen.

Aber der Wille, als „wackere Männer" dem in Not geratenen Nächsten zu helfen ließ uns die Primitivität nicht spüren!

Jeder Ortsteil hatte eine eigene Feuerwehr, seit dem Gemeindezusammenschluss von 1952 versuchte man die drei unter einen Hut zu bringen. Große Verdienste erwarb sich dabei Harald John als Wehrleiter für alle drei Züge. Es wurden monatlich ein Zugdienst und ein gemeinsamer Dienst aller drei Züge durchgeführt. Im Brandfall kein Thema während der Brandbekämpfung, aber ansonsten schlug immer wieder ein gewisser Lokalpatriotismus zu Buche, der nun wieder, nach der Angliederung an Neustadt Hochkonjunktur hat. Seit es Groß-Berthelsdorf nicht mehr gibt, haben die Lokalpatrioten neue Nahrung, ein Beispiel ist die 750-Jahrfeier von Oberottendorf. Ohne Zweifel eine gelungene Sache, mit der Festmeile. Aber Niederottendorf hatte auch kein Jubiläum. Hat man es nur einbezogen weil der „alte Weg" gebraucht wurde? Im Jahr 2000 wurde das 100jährige Jubiläum der FFw gefeiert, hier war es auch nur auf die Gründung des Oberottendorfer Zuges zurückzuführen und trotzdem war es eine gemeinsame Sache!

Ich finde diese Entwicklung sehr bedauerlich, immerhin gab es eine gemeinsame Gemeindeverwaltung seit 1952. Eine gemeinsame LPG seit 1972 und eine gemeinsame Feuerwehr, auch die anderen Vereine wie Geflügelverein, Sportverein, Hundesport usw. bestehen aus Mitgliedern des gesamten Ortes. Diese Entwicklung tut einer dörflichen Gemeinschaft riesengroßen Abbruch, ich würde es begrüßen wenn man wieder zur Gemeinsamkeit findet.

Im Ortsteil Berthelsdorf gehörten so 22 bis 25 Kameraden dem 1. Zug an, dort war ich mit integriert. Eine gemütliche Dorfeuerwehr die sich seinen Mitbewohnern gegenüber verpflichtet fühlte! Damals war es noch nicht die „Armee des Bürgermeisters" der man zu dienen hatte!

Die siegreichen 1972 von links ,Christian Weidig ,Chritian Müller ,Günter Marx , Johannes Adler , Wolfgang Roch , Eberhard Handrick , vorn Gotthard Lehmann , Bernd Hauswald , HeinzRitscher

Die Feuerwehr unterstand zwar schon seit ihrer Gründung der Kommune, es war aber ein anderes Verhältnis. Man besaß Mitspracherecht, wurde ernst genommen und gehört! Keiner hätte sich getraut sich in die inneren Angelegenheiten der „Freiwilligen" zu mischen, solange die Einsatzbereitschaft als gesichert galt und dies war eine Selbstverständlichkeit. Genau aus diesem Grunde, in der Not schnell helfen zu können haben unsere Vorväter einst die freiwillige Feuerwehr gegründet. Im Jahr der Abschaffung der drei Züge, die sich mit der Bereitstellung des neuen Löschfahrzeuges ergab habe ich ein paar Seiten Papier beschrieben, unter der Überschrift „Ein Neuer Anfang oder der Anfang vom Ende?

Unter dem Motto „Einer für Alle und Alle für Einen" führten wir im taktischen Gruppenwettkampf ein hartes Training durch und konnten in dieser Disziplin am TS 8, 1972 den Bezirksmeister Titel erkämpfen. Die DDR war in14 Regierungsbezirke aufgeteilt einer davon war Dresden.

Nun hatten wir „Rang und Namen", Günter Marx gelang die Beschaffung eines Jeep P3, aus Beständen der bewaffneten Organe. Der Spritzenanhänger TS 8 bekam ein Zugfahrzeug, wo eine Gruppe aufsitzen konnte. Diesen P3 haben wir bei mir auf dem Hofe für unserem Bedarf entsprechend hergerichtet.

Der P3 wird hergerichtet im Hintergrund die Granitstallmauer von 1949 noch mit Stallfenstern

1972 war auch das Jahr meines Einstieges in Leitungsfunktionen der LPG. Spät abends kam ich mit meinen Dienstmotorrad vom Feld und fuhr durch Schönerts Hof.

Siegfried war auf dem Hof, so hielt ich an und wir redeten ein Paar Worte. Zu der Zeit baute die LPG Schönerts Scheune zum Sauenzuchtstall um, die „Rentnerbaubrigade“ zu der auch mein Vater gehörte entrümpelte gerade die Scheune.

Es war eine Menge alter Wagen und Geräte herausgeräumt, dabei befand sich auch eine alte Feuerhanddruckspritze. Während wir miteinander sprachen fiel mein Blick auf sie. Ich sah sie zum ersten Mal, am Biertisch war davon erzählt worden, dass 1952 bei einem Festumzug in Polenz die Räder zusammengebrochen waren. Mehr wusste ich zu diesem Zeitpunkt nicht von ihrer Entwicklungsgeschichte.

Zu Siegfried sagte ich : „ Was soll denn mit dem Ding werden, nu weg“, war seine Antwort irgend etwas hatte mich an diesem Gerät fasziniert, was es so richtig war weiß ich nicht , denn der Zustand war „schrottreif“, die Holzwürmer stritten sich um die letzten Plätze. Zu der Zeit war die Traditionspflege auch noch kein aktuelles Thema. Zu Siegfried sagte ich:„ Hast denn du etwas dagegen wenn wir sie erst einmal sicherstellen, nu hol se doch weg, sagte er. Mit dem „Wir“ meinte ich den 1. Zug der FFw. Zwecks der Sicherstellung sprach ich mit meinen beiden Nachbarn Gotthard Lehmann und Gerd Eisold, beides Kameraden und wir transportierten das Wrack zu mir auf die Scheune.

Hier fristete es sein Dasein 10 Jahre in einer Ecke. Mehrmals wurde am Biertisch eine Restaurierung andiskutiert und immer wieder beiseite geschoben. 1983 war es dann soweit, am ersten Januarwochenende trafen wir uns fünf oder sechs Kameraden Sonntag früh auf meiner Scheune, holten sie hervor und begannen mit der Demontage. Wie wir es bewerkstelligen würden wusste noch Keiner so richtig, aber „kommt Zeit kommt Rat“, heißt es nicht umsonst.

Schräg über die Straße befand sich die Stellmacherei „Franz“, die LPG hatte sie gepachtet und zwei Kameraden hatten hier den Beruf eines Stellmachers erlernt. Am Wochenende durften wir diese Werkstatt benutzen, so waren die gesamten Holzarbeiten geklärt. Eine kleine Werkstatt hatte ich mir im Seitengebäude eingerichtet, hier führten wir alle anderen Arbeiten aus. Die Schmiedeeisernen Beschläge wurden soweit erforderlich aufgearbeitet. Probleme gab es mit Gewindestücken und Achsbrieden, alles war mit Zollgewinde versehen.

Sämtliche Nachfragen in alten Dorfschmieden, nach Zollgewinde - Schneidzeug blieben erfolglos. In der DDR war alles auf metrisches Gewinde umgestellt. Hier mussten wir improvisieren, machten es aber so geschickt, dass es bisher noch niemanden aufgefallen ist. Auch die große kompetente Bewertungskommission zum 1000 jährigen Jubiläum der Stadt Meißen musste der „Friese - Spritze" den 1. Platz zuerkennen!

Die Farbgebung mit angemischter „Originalfarbe" habe ich zu Hause selbst gemacht. Ein großes Problem stellten die Saugleitungen dar. Sie waren aus Kupferrohr gewesen und nicht mehr vorhanden. Buntmetall in der DDR ein absoluter Engpass und finanzielle Mittel gleich Null. In der Heilstätte Hohwald machte Christian Weidig das benötigte Kupferrohr ausfindig Heizungsrohre waren es. Das Fortschrittwerk stand Kopf, als die erforderlichen Gewindeverschraubungen aus dem bisschen Messing, was das Werk besaß gedreht wurden.

Die Kolbenpumpe brauchte nur poliert werden alles war noch funktionstüchtig, ja selbst die ledernen Kolbenmanschetten konnten wieder eingebaut werden.

Die Friesespritze zur Übergabe am 31.5.1983 mit Siegfried Schönert vor seinen Füßen ein Saugleitungsrohr

Die erste Funktionsprobe verlief äußerst erfolgreich, der gebündelte Strahl reichte auf Anhieb über unser Scheunendach! Nicht nur das wurde an jenem kalten Abend Ende März feucht, auch alle Beteiligten, allerdings von innen, es gab einen Grund zum Feiern.

Später bekamen wir eine alte Niederschrift von Schönerts, Oswin Hantsch mein ehemaliger Religionslehrer hatte sie geschrieben.

Das Baujahr der Spritze 1857 war auf dem vorderen Beschlag der Arme ins Eisen eingeschlagen, soviel wussten wir. Nicht wussten wir, dass Friese, Landwirt und Spritzenbauer als Vorbesitzer von Schönerts Hof, diese Spritze für die Gemeinde Obersteina gebaut hatte. Sie war noch nicht ganz fertig aber funktionstüchtig, da brannte sein Nachbar ab. Mit dieser Spritze deckte er seine Gebäude und konnte sie vor einem übergreifen des Feuers bewahren. Er schrieb die Gemeinde Obersteina an, und bat um Aufschub des Liefertermines, dies wurde sehr gern gewährt, da das Geld für die Bezahlung auch noch nicht vollständig vorhanden war.

Friese aber baute für Obersteina eine neue Spritze und behielt die „Feuergetaufte“ für sich. Mit ihr, seinen Kutschern und Nachbarn eilte Friese sozusagen als „Privatfeuerwehr“ zu vielen Schadenfeuern auch in die Nachbarorte. 1872 zum großen Stadtbrand von Neustadt gelang es ihm mit seiner Mannschaft die alte Brauerei, das heutige Museumsgebäude, vorm Feuer zu retten. Großes Lob von der Amtshauptmannschaft wurde ihm zuteil!

Schönerts schenkten den alten Familienbesitz der Feuerwehr und so konnte eine Feierliche Übergabe der schmuck und original restaurierten Spritze am Vorabend des 1. Mai 1983 an die FFw feierlich erfolgen. Dies geschah auf meinem Hofe in Anwesenheit des Bürgermeisters und Siegfried Schönert war natürlich auch mit zugegen.

Zum 650-jährigen Stadtjubiläum im Sommer 1983 hatte sie ihre erneute „Feuertaufe“ mit einer historischen Übung im Stadtpark von Neustadt und mit der Teilnahme am Festumzug.

Historische Übung im Neustädter Stadtpark anlässlich des 650-jährigen Stadtjubiläums

Im Oberlausitzer Sohland war ich wieder mal mit dem Verkaufsfahrzeug auf Leiterntour, als ich vor der Obermühle stand interessierte sich Herr Lebelt für meine Aluminiumleitern, wie immer erklärte ich alles, von der Qualität über das Handling bis zum Preis. „Ja irgendwann brauche ich auch so was“, jetzt habe ich ja noch die alte Holzleiter. Ein sofortiges Geschäft wurde es wohl nicht, wir sprachen dann noch von „Gott und der Welt“, wie man es so nennt. Er sprach dann noch mal von seiner Holzleiter und von großen Rädern. Jetzt wurde ich hellhörig und fragte: „Was ist denn das für eine Holzleiter“!

Nun beschrieb er mir eine alte Feuerwehrleiter, mein Interesse war geweckt, ich wollte sie sehen und schon gingen wir auf seine Scheune.

Vor uns Stand ein historisch wertvolles Stück, eine sehr alte, mit dem Namen des Herstellers versehene „ Lieb - Leiter“, dreifach teleskopierbar, auf 22 Meter Länge und der Neigungswinkel einstellbar. Meine nächste Frage war, was kostet denn das „Ding“? Herr Lebelt sagte: „Eigentlich brauche ich nur eine Alu- Leiter für mein Grundstück“.

Ergänzend sagte er, wenn die Holländer sie fortgebracht hätten, wäre sie nicht mehr da. Tatsächlich war nach der Wende eine richtige Invasion holländischer Antiquitätenhändler hier im Osten. Der breite Achsstand forderte einen großen Tieflader und die Holländer hatten nur Kleintransporter. Wir wurden uns einig, alle Gewerbetreibenden des 1. Zuges legten zusammen und Herr Lebelt bekam eine Mehrzweckleiter aus Alu und wir Kameraden holten am darauf folgendem Wochenende mit dem Tieflader von „Sturm's Bauunternehmen die Lieb - Leiter nach Berthelsdorf.

Herr Lebelt sagte mir er habe sie für einen Kasten Bier in einer Weberei in Ebersbach erstanden. Dort diente sie betrieblichen Zwecken, nach der Zerschlagung der Oberlausitzer Textilindustrie war sie übrig geworden! Restauriert wurde sie auch wieder auf meinem Hofe, eigenhändig habe ich Farbe angemischt und sie auf Grund ihrer Länge im Freien lackiert.

*Die Lieb –Leiter gezogen von Richter's Lanz auf dem Weg zum Festumzug nach Polenz am **8.7.2001***

Stolze Festumzüge und historische Schauübungen gab es nun jährlich, Höhepunkte waren das „Hundertjährig" der FFw im Jahr 2000 und das „Einhundertfünfzigjährige" der „Friese-Spritze" im Jahr 2007. Eines der wohl größten Treffen historischer Handdruckspritzen was es je in der BRD gegeben hat.

43 Trupp's von „Alten Kameraden" waren von hinter der Elbe bis ins Brandenburgische reichend, mit ihrer Alttechnik zum Festgelände in Niederottendorf gekommen. Am Vormittag zur Schau gestellt und am Nachmittag alle in einer historischen Übung vereint . Mit Wasserförderung über lange Wegstrecken, also angefangen vom Mühlteich von

einer Pumpe zur Nächsten. Meine große Sorge war funktioniert eine nicht, kommt am brennenden „Malzhaus“ kein Tropfen Wasser an.

Die Sorge war nicht berechtigt alle Spritzen haben „Wasser gegeben“! So wurde ich zum „Vater der Feuerwehrhistorik“ in der FFw Berthlsdorf.

Erläuterung des Einsatzplanes zur großen historischen Übung 2007am „Malzhaus“ für 43 Handdruckspritzen

Nach der Vereinigung der Gemeinde Hohwald mit Neustadt kam es zu Differenzen bei der Würdigung langjähriger ehrenamtlicher Tätigkeit. Vielleicht eine Verkettung unglücklicher Umstände . Die es allerdings in einer dörflichen Gemeinschaft, wo Einer den Anderen kennt niemals gegeben hätte! Wird unter bisher Gleichgestellten, Einer auf einmal auf eine höhere Stufe gehoben sprich „Leitfeuerwehr“ und es fehlen die Kenntnisse und das Einfühlungsvermögen des historisch Gewachsenen der nun „Untergeordneten“ wird es innerhalb von freiwilligen ehrenamtlichen Vereinigungen unweigerlich zu Differenzen führen. Das Gefährliche daran ist, dass im Notfall plötzlich keiner mehr kommt wie ich es in Hoyerswerda erlebt habe!

Meine Zugehörigkeit zur FFw fand kurz vor meinem 50-jährigen Dienstjubiläum ihr Ende. Allen Kameraden und Kameradinnen für die schöne Zeit einer selbstlosen kameradschaftlichen Zusammenarbeit ein von Herzen kommendes Dankeschön!

Mich beschleicht das Gefühl, das einige Kameraden meinen, ich hätte etwas gegen eine Gemeinschaft mit ihnen, dass ist keinesfalls so, ich habe etwas gegen die Zerstörung örtlicher Identität durch Machtbesessene. Wenn dem nicht Einhalt geboten wird, hat es schlimme Folgen für Alle!

Es waren schöne Jahre, fest verankert in einer Truppe Gleichgesinnter wackerer Kameraden, die ich nicht missen möchte!

Zu Besonderen Höhepunkten im Vereinsleben haben wir unsere historischen Übungen mit einem kleinen „Theaterstück" kombiniert, so machte ich auch noch Regisseur.

„Klein" angefangen haben wir zum 95. Wehrjubiläum 1995, zum 100-jährigen kam zur nun schon größeren historischen Übung ein leider verregneter, mit riesigem Aufwand vorbereiteter Festumzug hinzu. 2007 zum 150. Geburtstag der „Friese - Spritze waren 43 Spritzenmannschaften aus Ostsachsen angereist.

Im Anschluss einige Fotos:

Man glaubt es nicht ein Landstreicher trieb sein Unwesen und flüchtet

Die „Unschuld vom Lande“ wird in letzter Minute gerettet

Hilfe es brennt „Wasser marsch“

Der Wasserstrahl von oben kann es auch nicht mehr ändern die Bude ist futsch

Alle 43 Spritzenmannschaften sind zur „großen" Übung anlässlich des 150. Geburtstages der Friesespritze angetreten

Hilfe, Hilfe es brennt

Schnelle Hilfe ist gefragt: Wasser, Wasser, Wasser...

Der Bau des Brunnens!
Gehören „Wasseradern" ins Bereich der Esoterik?

Vorn hatte ich bereits angekündigt den Bau des Brunnens näher zu beschreiben. Dabei geht es mir darum, meine Erfahrungen mit „Erdstrahlen" zu erläutern. Bis zur Suche eines geeigneten Platzes für einen funktionstüchtigen Brunnen war all dies für mich kein Thema.

Auch heute noch wird es von wissenschaftlicher Seite als nicht existent ins Bereich der menschlichen Einbildung verbannt! Allerdings weiß es die Natur besser als die Wissenschaft und die sollte sich endlich mal bemühen!

An einem Samstagvormittag im Sommer 1988 holte ich den Rutengänger aus Rammenau, Herrn Henke zu mir aufs Grundstück. Als wir durch den Kleeschuppen hinten raus gegangen waren, sagte er nach einem ersten Rundblick. Oh bei euch gibt es ja viele Wasseradern, er hatte seine Wünschelrute noch nicht mal ausgepackt und deutete auf den Obstgarten.

Darauf hin sagte ich ihm, dass mich in erster Linie ein Gebäude naher Standort interessiert, um aufwendige Schachtarbeiten des Leitungsbaues zu vermeiden.

Herr Henke sagte mir darauf hin, du solltest schon wissen wo auf deinem Grundstück Störzonen liegen. Nun nahm er seine Wünschelrute und zeigte mir die schon vom Kleeschuppentor aus Erkannten. Er sah es den Bäumen an, Drehwuchs, dürre Astspitzen und allgemein ungesunder Eindruck waren seine Erkennungsmerkmale. Du musst die Strahlung wegnehmen, dann wird sich das ändern. Das betrifft nicht nur Pflanzen, nein auch die Tiere bis hin zu uns Menschen! Die Kuh verkalbt und die Sau verwirft, wenn sie ihren Platz auf einer Strahlenzone haben. Bei uns Menschen führt es unweigerlich zu schweren Gesundheitsschäden, wer seinen Schlafplatz auf einer Störzone hat.

Vollkommenes Neuland für mich, ich war argwöhnisch. Hol einmal ein Stück Eisen, er legte es auf eine Wasserader und lief erneut einige Meter unterhalb mit seiner Wünschelrute darüber. Seine Rute schlug nicht mehr, wo sie zuvor ausgeschlagen hatte. Siehst du, so nimmst du die Strahlung auf ca. 30 Meter in Fließrichtung weg, dann ist sie wieder da, auch dieses Phänomen zeigte er mir.

Zwischen dem Kleingewächshaus und der Scheune schlug auf einmal seine Trapezrute so stark, dass es richtig an seine Lederjacke klatschte.

Oh, sagte er, hier ist aber eine starke Ader, ich jubilierte, es waren nur etwa sechs Meter bis in den Rübenkeller. Ich weiß nicht, Herr Henke, ist es vermessen zu fragen wie tief werden wir wohl rein müssen? Hohl mal ein paar Holzscheitel, sagte er. Oh je, dachte ich jetzt ..!

Einen metrigen Zollstock packte er aus und stellte sich auf die gemutete Ader, lief im rechten Winkel zu ihr rückwärts. Mit der Schmiege abgemessen sollte ich nach jedem Meter ein Holzscheit hinlegen.

Seine Trapezrute aus 6 mm Kupferdraht hatte er vor sich um 45 Grad aus der Waagerechten gedreht. Beim fünften Holzscheit schlug die Rute an, er sagte über die Winkelfunktion gemessen liegt das Wasser fünf Meter tief. Genau zehn Brunnenringe mit je einem halben Meter Höhe haben wir eingebaut, der Elfte ist oben draußen!

Am Hühnergarten hatte ich etwa fünf Jahre vorher eine Weigelia gepflanzt, sie trieb jedes Jahr neu und zum Herbst hin vertrockneten die einjährigen Triebe immer wieder. Nach der „Entstörung“, ging es den Obstbäumen viel besser, das war augenscheinlich und die Weigelia begann zu blühen und wuchs richtig normal.

Ich hatte eine Lektion in Naturkunde erhalten, sie veränderte meine Einstellung zu diesem Problem grundlegend!

Sicher wurde und wird damit viel Scharlatanerie und Geschäftemacherei betrieben. Eine wissenschaftliche Erforschung könnte dem sofortigen Einhalt bieten! Max Plank hat dies schon vor 100 Jahren gefordert und Lorrie Schmidt, die engagierte Gattin des Exkanzlers hat gesagt, dass es ein Verbrechen an der Volksgesundheit ist, wenn es unterlassen wird!

Irgendwer hat mal zu mir gesagt, stelle dir immer die Frage, „Wem nützt es“ und du wirst manche Antwort finden! Mit der Problematik von Störzonen habe ich mich seit dem Brunnenbau immer wieder mal beschäftigt, im Internet stößt man auf eine gnadenlose Abzockerei, die gewerblich zur Erzielung von hohen Gewinnen genutzt wird!

Die Natur weiß es am besten, im Pflanzen - wie im Tierreich gibt es „Strahlensucher und Strahlenflüchter“. Pflanzen und Tiere zeigen gegenüber geophysikalischen Anomalien unterschiedliche Reaktionen.

Solche, die sich auf gestörten, bestrahlten Standorte wohl fühlen, nennt man Strahlensucher, solche, die gestörte Standorte nicht vertragen, Strahlenflüchter.

Die immer wieder aufgeworfene Frage bezüglich der biologischen Wirksamkeit der Erdstrahlen spiegelt sich wieder in der Korrelation von Tiererkrankungen bzw. Pflanzenwuchs und den von Rutengängern stark empfundenen Reizstreifen. Es gibt Lebewesen, die zu ihrer Existenz und zum Wachstum die Erdstrahlung, Reizstreifenkreuzungen etc. brauchen. Hierzu zählen u.a. Ameisen, Katzen, Efeu, Eichen etc. Es sind Strahlensucher. Ameisen und wilde Bienen haben ihren Bau immer über einer Kreuzung von zwei Wasseradern. Vor einem Hausbau wurde früher gerne im Baugrund ein Ameisenhaufen vergraben. Nur wenn die Ameisen fortzogen, wurde das Haus dort gebaut. Strahlenflüchter vertragen nicht die negative Strahlung und versuchen auszuweichen bzw. zu flüchten. Bei Bäumen kennen wir das „Wasserschossen“, einen Geilwuchs des Holzes. Diese Reiser zeigen an, dass sich im Untergrund Wasser bewegt, denn die vom Wasser abgestrahlten elektromagnetischen Schwingungen bewirken diesen Geilwuchs des Holzes. Oft finden wir auch bei Pflanzen, die sich auf störenden Reizstreifen befinden einen Schrägwuchs, Drehwuchs und Zwieselwuchs. Wir finden verdorrte Bäume oder Bäume mit Krebsgeschwulsten.

Auch der Mensch gehört zu den Strahlenflüchtern und ein langer Aufenthalt auf diesen Reizstreifen beeinträchtigt zunächst den Schlaf und wirkt sich dann negativ auf das Nerven- und Immunsystem aus. Die Gesundheit wird gefährdet. Für den Menschen ist der „nicht gestörte Platz, ein guter Platz“. Der Mensch benötigt die natürliche, harmonische und somit gute Erdstrahlung. Eichen sollst du weichen, Buchen sollst du suchen, Linden wirst du finden.
Ein Beispiel, in dem wir Sinnbilder übertragen. Die Eiche steht führ Stabilität, Festigkeit oder Widerstand. Wobei die Linde für Entspannung steht. Richtig, hier wo die Linde wächst, ist eine Zone, in der die Erdabstrahlung im ausgewogenen Verhältnis steht und somit ist es für den Menschen auch ein Ort der Entspannung, denn der Mensch ist ein Strahlenflüchter. Ergänzend möchte ich aus eigener Erfahrung im Garten sagen, die Erdbeere, die Zwiebel und die Himbeere reagieren sehr empfindlich auf Erdstrahlen und wollen auf belasteten Stellen einfach nicht wachsen.

Der landwirtschaftliche Kreislauf ein Hühnerstall und die deutsche Demokratie

Boden - Pflanze - Tier - Boden , so der seit ewigen Zeiten bestehende landwirtschaftliche Kreislauf. Da wir Menschen nicht alles dem Boden wiedergeben, sondern Nahrungsmittel und Rohstoffe dem Kreislauf entziehen, muss bei einer intensiven Bewirtschaftungsform mit Kunstdünger aufgefüllt werden. Bei einer extensiven Bewirtschaftung mit einer guten Fruchtfolge auf einem Biohof sieht das anders aus.

Innerhalb einer durchschnittlichen Fruchtfolge werden dem Boden etwa 180kg Stickstoff, 75kg Phosphor und 150kg Kalium entzogen.

300kg Kohlenstoff kommen hinzu und dies geht zu Lasten der „Humusbilanz" wird nicht genügend organischer Substanz nachgeführt. 1,4 bis 1,5 Großvieheinheiten (GV) je Hektar landwirtschaftliche Nutzfläche sind für unsere Region eine optimale Größe und so war es auch historisch gewachsen. Eine GV entspricht einer Lebendmasse von 500kg.

Die Exkremente eines Tierbesatzes dieser Größe verkraftet der Boden ohne weiteres, vorausgesetzt sie werden gleichmäßig dort verteilt, wo diese Nährstoffe einst dem Boden entzogen wurden! So werden etwa 60% des Nährstoffbedarfes mit preiswertem wirtschaftseigenen Dünger abgedeckt. Organischen Kohlenstoff bringt man mit ihm auf den Acker, der wiederum wirkt sich sehr positiv und nachhaltig auf die Humusbilanz aus.

Er erhält die Fruchtbarkeit des Bodens. Eine Stalldunggabe von 250dt je Hektar, aller vier Jahre war ein ungeschriebenes Gesetz!

Im Freistaat Sachsen liegt zur Zeit der GV - Besatz je Hektar im Durchschnitt bei 0,5. Diese riesige Minusbilanz geht auf das Plattmachen der LPG nach der Wende zurück und hat sich bis heute nicht erholt! In Verbindung mit der, der profitorientierten Landwirtschaft eigenen Monokultur wird es schon bald ein böses Erwachen geben. Der Verbraucher wird es teuer bezahlen müssen!

Nun versucht das sächsische Landwirtschaftsministerium über die Ansiedlung von industriellen Großanlagen den GV - Besatz hochzufahren. Eindeutiger geht es nicht, Sachsen ist gegenwärtig das Bundesland mit der höchsten Fördermittelbereitstellung für derartige Anlagen. In der Folge wird es zur Überdüngung anlagennaher Flächen mit hochkonzentrierten, verseuchten Exkrementen aus derartigen

Anlagen kommen. Weil weite Transportwege keiner bezahlen kann und sicher auch nicht will, dies würde nur hohe Kosten verursachen! Dabei kommen natürlich weiter entfernt gelegene Felder zu kurz weg und gehen mit ihrer Fruchtbarkeit weiter in den Keller!

Hier der Viehbesatz einiger EU - Länder je Hektar landwirtschaftlicher Nutzfläche.

Niederlande 3,8 GV/ha
Dänemark 1,6 GV/ha
Deutschland 1,1 GV/ha
Frankreich 0,8 GV/ha

Der Durchschnittliche Besatz sagt natürlich nichts über bestimmte örtliche Gegebenheiten aus. Ein Nichtschwimmer ist in einem Teich mit einem halben Meter durchschnittlicher Wassertiefe ertrunken, weil es am Rand seicht war und an einer Stelle drei Meter tief.

Nachfolgend ein Foto des Feldes rechts der Hohwaldstraße im Dezember 2013 aufgenommen, 23 Jahre profitorientierte Monokultur lassen auch den Nichtfachmann erkennen , dass die Fruchtbarkeit des Bodens jährlich nicht fruchtbarer sondern furchtbarer wird . Nur noch kurze Zeit und man wird den Schlag nicht mehr bestellen, weil er schon jetzt die Bestell- und Erntekosten nicht mehr erbringt. Versteppung ist das Nächste, dann folgen Feuersbrünste wie in Amerika oder Australien. Gibt es in Deutschland nicht wird man mir entgegenhalten, als wir in den 1970ern die Bilder verwahrloster amerikanischer Bahnhöfe zu sehen bekamen, haben wir auch gesagt, gibt es in Deutschland nicht!

Der Landbesitzer wird seine heruntergewirtschafteten Flächen künftig zweimal im Jahr mähen müssen, wegen der Landschaftspflege und der Verhinderung von Brandschäden. Solch einen toten Acker wieder fruchtbar machen wird Jahrzehnte in Anspruch nehmen und ist sehr kostenintensiv. Der Verursacher wird sich mit Sicherheit nicht an den Kosten beteiligen. Er wird seinen ergaunerten Gewinn sichern und nach einer Insolvenz ist er unantastbar!

Jeder Landeigentümer sollte seinem Pächter auf die Finger schauen, es wird ein böses, teures Erwachen geben!

Rechts der Hohwaldstraße ist der Mutterboden dabei seine Ertragsfähigkeit zu beenden so wie der Raps vorn steht müsste er überall stehen, Foto Dez. 2013

In Gegenden wo viele „Industrielle Betriebe" wie Schweinemästereien oder Geflügelintensivhaltungen angesiedelt sind hat die Belastung von Böden und Gewässern dramatische Ausmaße angenommen. Dabei besteht die Gefahr, dass den Böden in der Nähe solcher Anlagen mit tierischen Exkrementen erheblich mehr organische Nährstoffe zugeführt werden als ihm entzogen werden. Denn diese Betriebe verfüttern mit eingekauften „Kraftfutter" Nährstoffe die den Böden in anderen Gegenden, ja anderen Kontinenten entzogen wurden!

Nitratauswaschungen und Vergiftung des Grundwassers werden die Folge sein!

Im Frühjahr 2011 wurden an der Valterstraße Vermessungsarbeiten durchgeführt, es geht um die Zufahrtstraße für einen großen Hühnerstall. Bisher gab es nur dumpfes Gemunkel. Eine Bürgerinitiative formierte sich, bei der Einholung von Informationen zum Investor sagte mir der Leiter des Ordnungsamtes Osterwieck, wir hatten hier bürgerevolutionsartige Zustände. Alle Anwohner wurden hellhörig und wir wollten dorthin fahren. Über ein Ratsmitglied wurde der Bürgermeister informiert, nun wollte gleich die Kommune die Fahrt mit eigenem Fahrzeug übernehmen. Wir wurden hingehalten, ja regelrecht verarscht!

Es wurden Unterschriften zu einem Bürgerbedenken gesammelt und am 8. 5. 2011 begab sich eine unangemeldete Abordnung zur Stadtratssitzung ins Neustädter Rathaus. Es stellte sich heraus, dass der Stadtrat bereits zwei oder drei Jahre zuvor dem Bau einer solchen Anlage zugestimmt hatte, ohne jegliche Prüfung eventueller Folgen. Verantwortungsloses „Händchen heben“ muss man so was nennen, wie erfüllen die gewählten Volksvertreter ihre Pflicht gegenüber dem Bürger, der ihnen das Vertrauen ausgesprochen hat und welche Einstellung hat ihr „Meister“ dazu!

Am Karrenberg in Polenz steht die „Ruine“ des VEG Milchproduktion Polenz, ein Standort einer ehemaligen industriemäßigen landwirtschaftlichen Großanlage. Damalige Experten der DDR haben diesen Standort ausgewählt und sich mit Sicherheit mit den Problemen der Geruchsbelästigung etc. der Anwohner beschäftigt. An diesen Standort in seiner Talmulde, durch Berge zur nächsten Wohnbebauung abgegrenzt, wird es keine Geruchsbelästigungen der Anwohner geben. In 12 Jahren Produktionsbetrieb ist derartiges auch nicht bekannt geworden!

Konzeptionslosigkeit aller führenden Staatsorgane beim Umgang mit diesem „Gewerbestandort“ ist schon seit der Wende offensichtlich, zerschlagen um des „Zerschlagens Willen“, dass man auch essen muss, kommt „Industriestrategen“ nicht in den Sinn!

So stellte ich zur genannten Stadtratssitzung die Frage warum man nicht diesen Standort nutzt. Hier die Antwort des Bürgermeisters, auf diesem Standort ist Gewerbe angesiedelt, diesen Betrieben können wir so was nicht zumuten!

Aber den auch Steuern zahlenden Dorfbewohnern kann man es zumuten. Woher nimmt ein gewählter Volksvertreter dieses Recht und diese Arroganz? Hinzu kommt die finanzielle Entwertung der anlagennahen Grundstücke, ich glaub es einfach nicht, dass es dafür je einen staatlichen Ausgleich geben würde!

Keinerlei öffentliche Information der Bürger durch Irgendjemand , schon gar nicht durch ihren „Meister“! Bei nur 30.000 Hühnern braucht der Prolet nicht gefragt zu werden. Das ist „erst“ ab 40.000 Tieren erforderlich und außerdem darf es im ländlichen Raum 15% der Jahresstunden stinken! Das sind 55 Tage im Jahr!

Als erstes glaubten wir als Bürgerinitiative mit den Belangen des Naturschutzes das Ganze abwenden zu können.

Der angrenzende Hohwald als Landschaftsschutzgebiet, zwei Brutpaare des Rotmilans im vorgelagerten Wäldchen am Lohebach, zwei Brutpaare des seltenen Uhu's im Wald am Steinbruch Quarkquetsche, das vorgelagerte Biotop von Borrmanns Teich alles zählte nicht.

Unermüdlich suchten wir weiter und wurden fündig. Im Lohebach der vorm Stallstandort in der Talsenke Richtung Elbe fließt gibt es bis ins halbe Dorf hinein ein Vorkommen des seltenen und hochgradig geschützten Bachneunauges.

Beim Fischereiamt in Königswahrta habe ich mir die amtliche Bestätigung dessen geholt. Danach ein Anruf meinerseits beim Leiter des Umweltamtes in Dippoldiswalde mit der Frage ob dieses Vorkommen bekannt ist und seine Berücksichtigung findet. Der Herr Dr. hat mir am Telefon gesagt, es sei nicht bekannt!

Deutschland's modernster Hühnerstall mit 30.000 Legehennen am Fuße des Valtenberges

Als ich einige Tage später wieder nachgefragt habe, war es bekannt und hatte im bereits abgeschlossenen Genehmigungsverfahren seine Berücksichtigung gefunden! Das war zuviel, hier gingen meine Nerven mit mir durch ich sagte: „Ihr lügt doch wenn ihr den Mund aufmacht"!

Hinterher habe ich mich drüber geärgert, weil ich undiplomatisch ausgerastet bin und mein Gesprächspartner mir gesagt hat: „Auf dieser Ebene unterhalte ich mich nicht mit ihnen", danach hat er eingehängt!

LfULG, Abt. 9
Referat Fischerei
Fischereibehörde

Arteninventar

Seite 1 von 1
Erstellt am: 29.08.2011 14:50

Gewässerbezeichnung: Lohbach (Polenz)

Erfassungszeitraum: 21.09.1994 bis: 02.07.2008

Probestrecke / Befischungspunkt:	**Gemeinde:**	**Höhenlage (m):**
- Ortslage Berthelsdorf	- Neustadt i. Sa., Stadt	
- östlich Berthelsdorf	- Neustadt i. Sa., Stadt	
- Wilhelm-Kaulisch-Str. Ecke Seifenweg, Skoda-Autohaus	- Neustadt i. Sa., Stadt	

Anzahl der Befischungen: 3

Insgesamt befischte Strecke (km): 4,320

Fischereiregion(en) im Längsschnitt: Forellenregion

Höhenlage im Längsschnitt (mü. NN): 351 bis: 399

Fische:

nachgewiesene Arten: 10

Artenliste: Bachforelle (3), Bachneunauge (2), Bachsaibling (ng), Dreistachliger Stichling (ng), Flußbarsch (ng), Gründling (ng), Plötze (ng), Schleie (ng), Schmerle (3), Sonnenbarsch (ng)

Fischbestand (kg/ha): 25,4 bis: 97,5

Krebse:

nachgewiesene Arten: 0

Artenliste:

Das Bachneunauge (Lampetra planeri) ist die einzig stationär lebende Neunaugenart ihrer Gattung in Deutschland und steht nach dem Flora - Fauna - Habitat (92/43 EWG) unter Schutz.

Wir besorgten uns Wetterdaten von Kachelmanns Messstelle in Sebnitz 14% Ostwind errechneten wir, hinzu kommt die Kaltluftabfuhr an warmen Sommerabenden da der Stall auf einer östlichen Anhöhe vor dem Valtenberg liegt. Diese Messdaten vom naheliegenden Sebnitz wurden vom Landratsamt abgewiesen, mit der Begründung die Daten von der Messstelle Klotsche seien zuständig.

Man kommt sich wieder verarscht vor, die Jahresdaten von Klotsche liegen bei 150 Grad Ost bei 16,3 % der Jahresstunden, demnach für unser

Anliegen günstiger und das ohne der Kaltluftabfuhr. Also kommen wir über die gesetzlich verordnete 15% Hürde. Irrtum ein Computerprogramm sieht das anders!

Der Gipfel des ganzen, das Genehmigungsverfahren für das das Landratsamt Pirna , mit seiner Außenstelle des Umweltamtes in Dippoldiswalde zuständig ist, rechnet derartige Verfahren mit dem Rechnerprogramm „Austal 2000" und schon ist im angrenzenden Wohngebiet „nur" mit einer Geruchsbelästigung von ein bis maximal zwei Prozent der Jahresstunden zu rechnen. Was man mit so einem Rechner alles machen kann, er verschluckt fast den ganzen Ostwind und die Kaltluftabfuhr dazu, mit solch moderner Technik dürfte doch die Beherrschung des „Klimawandels" kein Problem mehr sein!

Aber, aber, wer wird denn glauben das er solcher Technik sein Leben verdankt. Das sind doch keine intelligenten Maschinen!

Wer es nicht weiß, Kaltluftabfuhr ist das Amtsdeutsch für die Abendkühle, wenn sie an warmen Sommerabenden vom Berg ins Tal zieht. Welch angenehmer Gedanke für die von der Wochenarbeit gestressten Familien, wenn sie am Wochenende beim grillen im Garten sitzen und plötzlich macht sich penetranter Gestank breit.

Die Wogen schlugen hoch, der Investor ist der Betrieb „Bio Henne Sachsen GmbH" am Lindigt, 04688 Mutschen Geschäftsführer Lorenz Eskildsen.

Eine Unterschriftensammlung als „Bürgerbedenken" hatten wir durchgeführt und zu einem Bürgerforum den Investor am 23.8. 2011 ins Erbgericht Berthelsdorf eingeladen. Vor Einhundert Bürgern stellte Herr Eskildsen sein „Bio - Projekt" vor.

Jede Henne bekommt 4 Quadratmeter Auslauf! Das ist eine Fläche von 12 Hektar, bei 30.000 Tieren. Sollten die 12 ha im Quadrat zur Verfügung stehen, müssten die Hühner sich immerhin 173 m vom Stall entfernen. Da sind sie noch nicht in den Ecken, ich kenne die allerneuesten Hühnerzüchtungen nicht aber ein Huhn welches stets sehr schnell beim Überflug eines Raubvogels Deckung sucht geht nicht so weit vom Stall weg. Nach „Engelmann" entfernen sich Hühner bis 50 m, die meisten jedoch nur bis 30 m vom Stall und dies ist sehr stark von Lufttemperatur und Wetter abhängig. Die züchterischen Aspekte dürften auch mehr dem Ei gewidmet sein, als dem Langstreckenlauf! Ich glaube das sind einfach reichlich 120 Meter zu weit gegriffen und bin der Meinung hier handelt es sich um einen Bio - Flop gelinde gesagt, man könnte es auch gewollten Fördermittelbetrug oder noch schlimmer Betrug am Kunden nennen!

Die eindringliche Bitte unserer im Ort ansässigen Heilpraktikerin, eine Filteranlage gegen das verbreiten gefährlicher Keime einzubauen wurde vom Investor höchst persönlich abgelehnt, warum wohl, es würde ungeplante und ungeahnte Kosten verursachen und die bilanzierte Ökonomie nicht mehr aufgehen.

Die Hühner bleiben nur ein Jahr im Stall, danach werden sie der Schlachtung zugeführt und unsere Vertragspartner verarbeiten sie zu Babynahrung, so Herr Eskildsen, vor 100 Berthelsdorfer Einwohnern!!

Da ist ihm wohl was rausgerutscht, was die Öffentlichkeit nicht unbedingt wissen sollte, im letzten Zeitungsartikel vom 25./26. Januar 2014 spricht man lediglich von Schlachtung. Der Hühnerkot wird abtransportiert, so der Investor.

Anfallender Hühnertrockenkot ist ein hochkonzentrieter Stickstoffdünger, der irgendwohin „entsorgt“ werden muss. Da es sich hier um einen Gewerbebetrieb handelt verfügt er nicht wie ein normaler Landwirtschaftsbetrieb über Flächen, auf denen er den Kot ausbringen kann. Eine Entsorgung über eine Biogasanlage bedeutet nur die Umwandlung des Kohlenstoffes in Methan, alle anderen Nährstoffe, insbesondere der Stickstoff, verbleiben im Gärrest und werden auf Flächen rund um die Biogasanlage ausgebracht.

Bleibt die Frage offen wohin geht der Hühnerkot, diese Frage konnte oder wollte man uns bei unserer Vorsprache im Umweltamt nicht beantworten und Herr Eskildsen tat es auch nicht und das macht misstrauisch!

Wieviel Großvieheinheiten sind 30.000 Hühner, der Faktor liegt bei 0,0183 und dies bedeutet 549 GV an diesem Standort, also soviel wie etwa 550 Kühe.

Jedenfalls haben wir laut Zeitung den modernsten Hühnerstall Deutschland's jetzt in Berthelsdorf und die Eier rollen vom Osten direkt in den Westen!

Wie passt das zusammen, Sachsen stellt die Fördermittel auch noch die meisten von allen Bundesländern und das Endprodukt geht in andere Bundesländer, wo uns von Anfang an erklärt wurde, die Eier werden in Sachsen benötigt? Wo ist die Grenze zum offiziellen Fördermittelbetrug und Betrug am Bürger bzw. Wähler?

etzt kämpft man in Langburkersdorf gegen 30.000 Hühner, ich hätte nie geglaubt wie viel Kraft sie entwickeln können, wenn sie entsprechende Unterstützung finden!

Das diese gewaltig ist hat man uns 2011 im Umweltamt unmissverständlich klar gemacht, wenn sie als Bürgerinitiative Widerspruch gegen das Genehmigungsverfahren einlegen und er wird abgelehnt, (was von vornherein als sicher galt), kostet dies das 1,5 fache des Genehmigungsverfahrens.

Falls sich noch jemand für den Preis dessen interessiert, Herrn Eskildsen kostet es ca. 16.500 €, das Landratsamt hätte sich riesig über eine ungeplante Einnahme von 24.750 € gefreut!

Im MdR - Rundfunkinterview habe ich gesagt: „Wir als Bürgerinitiative sind entmündigt worden" und das ist sogar über den Sender gelaufen. Da muss doch wohl die Schere stumm gewesen sein. Nun ist der Stall am 2.10.2013 eingeweiht worden, seine Befürworter, Sachsens Landwirtschaftsminister Kupfer und „unser" Bürgermeister Elßner waren zu Gast!

Bleibt nun die weitere Entwicklung abzuwarten.

Vorn habe ich mal gesagt, dass ich nun aller vier Jahre meine Wünsche im Wahlokal vorbringen kann. Da im Gerangel einer „ demokratischen" Wahl das meiste was sich „Otto Normalverbraucher" wünscht sowieso untergeht, hier mal so nebenbei meine Vorstellungen.

Wiederherstellung von Recht, Ordnung, Gerechtigkeit, Demokratie, Pressefreiheit und der ehemals hoch gepriesenen Deutschen Ehrlichkeit, gepaart mit einem absolutem Tabu für Korruption.

Dabei wäre die Schaffung eines Wahlversprechenerhaltungsgesetzes unabdingbar!

Gnadenlose Verfolgung von Bestechlichkeit und Steuerhinterziehung. Verstaatlichung aller Banken und Versicherungen und deren kostendeckende Bewirtschaftung. Abschaffung der Zweiklassengesellschaft im Bereich der Krankenversicherung.

Hartz 4 ist das Abstempeln einer Bevölkerungsschicht hin zur Arbeitsuntauglichkeit und Minderwertigkeit, es kommt der von den Nazis betriebenen ethnischen „Säuberungspolitik" verdammt nahe. Dabei wird die tatsächliche Arbeitslosenquote verschleiert und verschönt. Verbannung des Industrielobbyismus aus Parlament und Kanzleramt.

Die Statistik der Bundestagswahl von 2013 habe ich mal unter die Lupe genommen:

Wahlberechtigte Bürger	61,9 Mio	
davon unter 30 Jahre	9,8 Mio	= 15 %
30 bis 59 Jahre	30,8 Mio	= 50%
ab 60 Jahre	21,8 Mio	= 35%

Wahlbeteiligung	44,3 Mio	= 71,5 %
Nichtwähler	17,6 Mio	= 28,5 %

				Anzahl Parteimitglieder 2012
Stimmen CDU/CSU	41,5 %	=	18,4 Mio	623.313
SPD	11,4 %	=	11,4 Mio	477.037
FDP	4,8 %	=	2,1 Mio	58.675
Grüne	8,4%	=	3,7 Mio	59.653
Linke	8,6%	=	3,8 Mio	63.761
NDP	1,3%	=	0,6 Mio	unbekannt
Piraten	2,2%	=	1,0 Mio	34.322
AfD	4,7%	=	2,1 Mio	unbekannt
Sonstige	2,9%	=	1,2 Mio	unbekannt

All das bedeutet rund 1,3 Mio. Parteimitglieder, das sind etwa 2.4% der Wahlberechtigten, die Deutschlands „Geschicke" lenken.
Es fällt auf, vor jeder größeren Wahl formiert sich eine „Neue Partei", purer Zufall?

Bei der heutigen Politikverdrossenheit glaubt Keiner daran, woher diese plötzlichen Initiativen? Werden sie vom „Gemeinsamen Zentralkomitee dieser Welt" wie es „Verschwörungstheoretiker" sehen geschaffen, mit dem Ziel einer Zersplitterung.

Nehmen wir die 2,2 % der Piraten und die 4,7 % von AfD und addieren die mal zum Beispiel mit den 8,6 % der Linken ergibt dies 15,5 %. So könnte ein nicht gewolltes Wahlergebnis aussehen, wie heißt es doch gleich, „Der kluge Mann baut vor"!

Wer jemals Mitglied einer Partei war weiß wie es läuft, du entrichtest monatlich deinen Parteibeitrag und entledigst dich deiner eigenen Meinung und vertrittst immer und überall die „deiner" Partei! Solltest du irgendwann eine eigene Meinung äußern wirst du zum oppositionellen Querulanten! Man wird versuchen „die verirrten Schafe" wieder auf den „richtigen" Weg zu bringen. Bleibst du mit deinem Gewissen im Einklang und bei deiner Meinung wirst du kaltgestellt und bleibst nur noch zahlendes Mitglied. Man nennt dies „demokratischen Zentralismus"!

Ja, ich war einige Zeit Parteimitglied, so kann ich aus eigener Erfahrung sprechen.

In den heutigen, ach so demokratischen Parteien läuft es nicht anders, in jeder Partei gibt es einen großen Anteil Oppositioneller und auch Machtbesessener, daher die immer wiederkehrenden Parteienstreitigkeiten, dringen diese nicht bis in die Öffentlichkeit zeugt das von einer starken, diktatorischen Führungshand.

Schauen wir uns die Demographie an, wird schnell eine verfehlte Sozial - und Bevölkerungspolitik sichtbar. Gehen wir von einer gesunden Entwicklung mit zwei Kindern je Familie aus, stellt sich alles ganz anders dar. Wer hat hier seine Hausaufgaben nicht gemacht und über Jahrzehnte schmarotzt! Die ganze Demographie ist um eine Generation nach hinten verschoben.

Opa und Oma	= 2 Personen über	60 Jahre	=	25%
Zwei Kinder	= 2 Personen	30 -59 Jahre	=	25%
Vier Enkel	= 4 Personen	unter 30 Jahre	=	50 %

Wie heißt doch gleich das Buch von Thilo Sarrazin ach ja „Deutschland schafft sich ab"!

Nichtwähler, welchen Grund haben sie, ihrer „Wahlpflicht" und damit ihrer staatspolitischen Verantwortung gegenüber ihren Kindern und Enkeln nicht gerecht zu werden?

Eine der Hauptursachen dürfte die „Politikverdrossenheit" darstellen und die zweite, weit verbreitete Meinung „wen soll man denn wählen, keiner ist des Vertrauens würdig"!

17,6 Millionen Nichtwähler, das ist etwas mehr als die Einwohnerzahl der ehemaligen DDR. Sie erscheinen nur ganz am Rande der Wahlstatistik in einer Prozentzahl, der so genannten „Wahlbeteiligung", ansonsten ist ihre Meinung nicht gefragt und ich bin mir sicher, sie haben Eine!

König und Kaiser hatten wir, Auswüchse wie das „ dritte Reich" hatten wir, eine DDR hatten wir, eine „demokratisch gewählte" Regierung die nicht in der Lage ist, die einfache Reproduktion unseres Volkes zu sichern haben wir!

Ja Kleiner Mann, was nun ?

Ein neues Wahlgesetz brauchen wir und Führungskräfte deren Grundsatz es ist, ich erfülle meinen Wählerauftrag uneigennützig zum Wohle „Meines Volkes"!

Das Schweizer Nationalepos kommt mir in den Sinn:

Wir wollen sein ein einig Volk von Brüdern,
in keiner Not uns trennen und Gefahr,
wir wollen frei sein wie die Väter waren,
eher den Tod als in der Knechtschaft leben.
Wir wollen trauen auf den höchsten Gott
und uns nicht fürchten vor der Macht der Menschen.

Wenn ich schon den „Rütlischwur" zitiere, hänge ich gleich noch einen Wunsch hintendran, wie wäre es mit einem politisch „Neutralen Deutschland", viele, viele Deutsche würden sich das wünschen!!

Wie weit man davon entfernt ist, zeigen die Reaktionen Deutschland's und der EU auf das Ergebnis des Volksentscheides der Eidgenossen zur Zuwanderungspolitik vom Februar 2014. Man maßt sich an, den Willen des Volkes eines neutralen Staates mit „Sanktionen" zu belegen! Was für eine großzügige „Demokratie"!

Wer mal am Vierwaldstädter See war, weiß hier gibt es die „Hohle Gasse" und eine kleine Theaterstätte mit Darstellungen aus Schiller's „Wilhelm Tell", schaut man von da aus über den See auf die Anhöhe des anderen Ufers erhebt sich die goldene Kuppel des Sitzes von „Scientology“ in der Schweiz . Hier habe ich mich gefragt ist dies Zufall, oder erhebt man sich über die „Freiheitsgefühle“ aller friedliebenden Menschen?

Wie werden Millionäre gemacht

Ganz einfach, mittels Jackpot beim Lotto! Über diese Methode könnte man sich auch echauffieren aber das ist jetzt nicht mein Ziel.

Glaubwürdigkeit und Vertrauen in die Finanzpolitik bewegen mich viel mehr.

Eine Million, was für ein reicher Mann war mein Großvater mütterlicherseits im August 1923 geworden. Aber es kommt noch besser, 20 Millionen besaß er Anfang September.

Um noch im gleichen Monat 500-facher Millionär zu werden. Nur das man für diese Papierscheine morgens vielleicht ein Brot bekam, was am Abend desselben Tages nicht mehr möglich war! Jahrzehnte zuvor verfasste Emile Zola seinen 18. Band „Das Geld“.

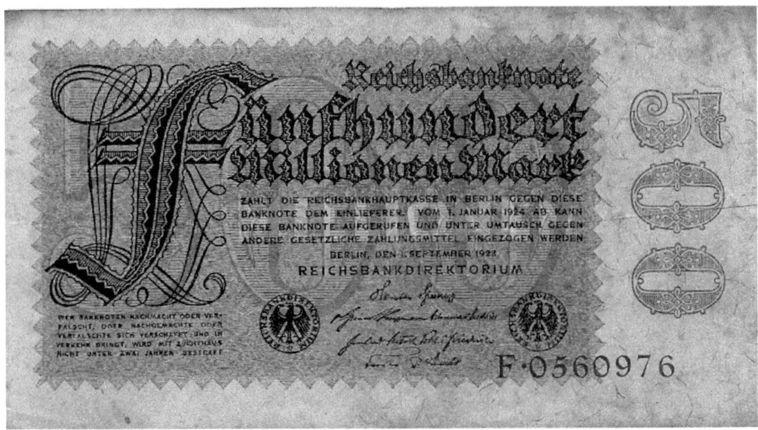

Arroganz, Täuschung, Korruption, Zynismus und unbändige Geldgier der Mächtigen brachte den „Otto Normalverbraucher“ ums Ersparte und nicht nur das, oftmals wussten die Mütter am frühen Morgen nicht wie sie am Abend ihre Kinder satt bekommen sollten!

Dazu die Verzweiflung der Kleinanleger, wenn ihre Altervorsorge im Strudel eines Bankenbankrottes versank. All dies ist Jahrhunderte alt, nur damals geschah es nicht so anonym und kaschiert wie heute!

Wie legt man heute eine Altersvorsorge an, ja richtig in einer Lebensversicherung, die keine allzu hohen Renditen abwirft, so ist es am sichersten und die Banken fahren den höchsten Gewinn ein! Ja, „Am“, eine Garantie gibt dir Niemand.

Wenn man dann die 65 erreicht bekommt man seine Versicherung ausgezahlt oder in monatlichen Raten. Segnet man bei der Ratenzahlung früh das Zeitliche fällt ein sehr großer Teil des Angesparten deiner treu sorgenden Versicherung bzw. deiner Bank anheim. Lässt man es auszahlen kann man es spekulativ verzocken oder unters Kopfkissen legen, wo es bei einem Währungszusammenbruch auch weg ist!

Na aber was du hast, hat mal einer zu mir gesagt, dein Geld ist doch nicht weg, es hat nur ein Anderer!

Welch zionistischer Ausspruch, leider Alltag des Zionismus, schufte und racker immerzu Kleiner wir halten hinten den Sack auf und kratzen alles rein!

Währungsreform nennt man das Spiel um Macht und Geld um am Ende dem der die Wertschöpfung erarbeitet hat gerade mal so viel zu lassen das er weiter schuften kann, um dann wenn die Zeit wieder Reif erscheint erneut abzuschöpfen!

Den allergrößten Gewinn haben schon immer Kriege erbracht, daher werden sie verherrlicht und zum Heldentum erhoben. Heute geht man soweit, selbst das ehrfürchtige Gedenken an die Gefallenen, Verwundeten und die gequälte Bevölkerung der regionalen Kriegsschauplätze in abscheulicher Weise zu ignorieren. Mit groß angelegten Volksfesten wird der Krieg verherrlicht. So geschehen anlässlich des 200 Jahrestages der Völkerschlacht bei Leipzig. Wochen vor dem historischem Datum 16. bis 19. Oktober 2013 zogen doch tatsächlich 6.000 Akteure in historischen Uniformen mit ihren Waffen und Gespannen gen Leipzig, die Gefechtshandlungen wurden vor 35.000 Zuschauern nachgestellt. Man glaubt es nicht zu glauben und schämt sich vor den 92.000 Gefallenen und Verwundeten der Völkerschlacht!

Währungsreformen in Deutschland:

1871 bis 1873 Vereinheitlichung des Geldes, Abschaffung von Taler, Gulden, Kreuzer …

1924 Einführung der Reichsmark mit einer Golddevisenkernwährung , Auslöser waren die Reparationszahlungen des 1. Weltkrieges (am 3. 10. 2010 wurde die letzte Rate bezahlt)

1948 Einführung der D-Mark in Westdeutschland und der Mark deutscher Noten (MDN) in der DDR

1957 in der DDR Umtausch von 300 Mark, 267,5 Mio. wurden dem Geldumlauf entzogen

1990 Einführung der D-Mark im Osten, Halbierung der Ersparnisse von 16 Mio. Bürgern

2002 am 1.1. Einführung des Euro, ohne die Bürger zu fragen, ca. Halbierung der Ersparnisse aller Deutschen gepaart mit einer schleichenden Inflation zwischen 10 und 50% !

Eine Bäuerin hat mir mal in Bezug auf die Geldentwertungen gesagt, so viel wie unsere Wirtschaft, haben wir eingebüßt, es handelte sich um einen Hof von 20 Hektar!

Aus diesen sehr tröstlichen Gesichtspunkten heraus haben wir, meine Frau und ich nach einer schwierigen Zeit des Abwägens von Für und Wieder unsere Lebensversicherung auszahlen lassen und in einer Immobilie angelegt. Die Angebote von Prokon waren mit acht Prozent Rendite sehr verlockend. Als ein Rentner der sein Leben lang gebuckelt hat, hätte man es sich eigentlich verdient gehabt, sich zurückzulehnen. Jetzt, vier Jahre später ist Prokon pleite, Gott sei Dank habe ich die Finger davon gelassen!

Ferienhaus „Talblick" Siedlung 26 Langburkersdorf

Mit dem Erwerb einer Immobilie kauft man sich natürlich jede Menge Arbeit, aber die braucht man auch als Einer der ständig gearbeitet hat, solange es die Gesundheit erlaubt. So war ich nun im Jahre 2012 wieder ins Baugeschehen geschlittert. Ein, wenn auch kleines Einfamilienhäuschen zu sanieren und renovieren im Wesentlichen als „Selbermacher" kostet Zeit und Geld, nun ist das „Ersparte der Lebensversicherung" kein Problem mehr, es ist angelegt.

Nach wie vor wohnen wir auf dem Hof in unserer Wohnung und haben neben dem Bauerngarten hier, am Waldrand des Hohwaldes ein kleines Ferienhaus zur Vermietung mit einem wunderschönen Blick auf Neustädter Tal.

Im Internet zu finden unter www. ferienhaus-talblick-hauswald.de

Vorn hatte ich vom Bauerngarten gesprochen, ja Gartenarbeit habe ich schon immer gern gemacht. Auch und gerade in hektischen Zeiten hat sie mir ungemein geholfen Stress abzubauen! Zum Garten gehört natürlich auch eine Ecke zur Erholung und Entspannung.

Gegen Ende der 1960er Jahre die ersten Versuche unternommen und eine Sitzecke angelegt. Mit damals erhältlichen Betonelementsteinen für Glasscheiben ein Begrenzungsmäuerchen gebaut und die Fußbodenplatten selbst gefertigt. Birken aus dem Wald geholt und gepflanzt . So nach und nach Zwiebel - und Staudenpflanzen besorgt, getauscht oder auch gekauft, Sommerblumen im Kleingewächshaus anziehen hatte Karin übernommen.

Ein kleiner Pool bringt etwas südländisches Flair in unser „Naherholungszentrum", natürlich Entspannung und auch mal eine kleine, willkommene Abkühlung zwischendurch bei der Arbeit im Sommer. Natürlich sind die Kinder die Hauptnutzer und so soll es auch sein.

Der Pool wurde vollständig in Eigenleistung errichtet. Die Blautannen und Koreafichten der nordöstlichen Grundstückseinfriedung als Wind - und Sichtschutz habe ich auf einem Beet im Garten selbst, kurz nach der Wende gesät. Heute nun nach über zwanzig Jahren bilden sie einen stattlichen „Wald".

Sommerlicher Badespaß

Als ein Selbstständiger, der sich die Umnutzung eines Bauernhofes auf seine Fahne geschrieben hat, hat kaum Zeit in Urlaub zu fahren. Daher war meine Auffassung immer, mach es dir zu Hause hübsch und du wirst manche Stunde der Entspannung im eigenen Grundstück finden. Das geht ganz gut auch ohne dem „Horror - Autobahn"!

Die Kinder ergreifen Besitz von den ersten Pflanzversuchen einer Sitzecke

Ein kleiner Gartenteich als Augenweide und Biotop angrenzend an die Sitzecke

Immer wieder erfreuen wir uns an blühenden Blumen, ihrer Herrlichkeit ihrem Duft, der Farbenpracht und ihrer natürlichen, teils exotischen Konstruktionen durch das Wunder Natur!

Zweimal waren wir auch in den Südtiroler Alpen wandern, uns Ostdeutschen war dies Jahrzehnte verwehrt

Abschließende Betrachtung zur Industrie und Landwirtschaft in unserer Region

Eine alte Volksweisheit der Sachsen sagt, „was in Chemnitz erarbeitet wird, wird in Leipzig gehandelt und in Dresden verprasst"!
Sachsen konnte nach 1990 wieder an die traditionelle Wirtschaftsstruktur von vor 1945 anschließen, heißt es in einer Statistik. Generell gilt aber dass die Unternehmensgrößen weit unter dem Bundesdurchschnitt liegen!

Logischerweise muss ein Unternehmen „wachsen" und das braucht Zeit, Insolvenzen von Betrieben die ihren zu hohen Kapitaldienst nicht erbringen konnten, kennen wir zur Genüge. Den Anschluss an Vorkriegsstrukturen wieder herstellen ist nur dort gelungen wo auch in der DDR - Zeit kleinere Unternehmen erhalten geblieben sind.

Dies konnte ich bei meiner außendienstlichen Arbeit im Osterzgebirge beobachten. In vielen Kleinen, auch verstaatlichten Unternehmen waren größtenteils noch die ehemaligen Besitzer oder deren Nachfahren in den Betrieben integriert. Sie konnten gleich nach der Wende wieder einsteigen. Sehr häufig findet man Betriebe der Metall, - Holz oder Plastbe - und Verarbeitung mit CNC- Maschinen.

Im Neustädter Raum hatten wir durch das Fortschritt-Kombinat keine kleineren Betriebe anderer Branchen mehr, sie hatte das Kombinat in den letzten Jahrzehnten alle samt geschluckt. Dadurch auch das totale industrielle Wegbrechen nach der Wende. Gleiches gilt für die großen Textilkombinate der Oberlausitz. Wenn wir heute in Neustadt wieder 4.000 versicherungspflichtig Beschäftigte haben, sind das ganze zwei Drittel zur Beschäftigtenzahl der ehemaligen Landmaschinenindustrie, allerdings zählen jetzt die Arbeitnehmer aller „Gewerke" und Verwaltungsbedienstete dazu. Es wird noch Jahrzehnte dauern bis dieser Stand jemals, wenn überhaupt, wieder erreicht wird. In „Groß" Neustadt gab es im Jahr 2013, 107 Landwirtschaftsbetriebe, davon 22 im Haupt - und 85 im Nebenerwerb, so das Amtsblatt vom 21. 2. 2014.

Vergleichen wir diese Zahlen mit dem Stand vor der Kollektivierung 1960 im Territorium von Neustadt, 234 Höfe plus 39 Krumhermsdorfer Bauern deren LPG -Zugehörigkeit zu Ehrenberg zählte, sind es 273 Bauernhöfe gewesen!

Betrachten wir einige landwirtschaftliche Erträge:

	2002	2011
Getreide insgesamt dt/ha Sachsen	55,1	62,2
Durchschnitt dt/ha BRD	60,6	61,2
Kartoffeln Proberodungen dt /ha (Sachs.)	278	446
	1995	
Baum und Beerenobst Anbaufläche (Sachs.)	ha 3.699	4.116
Gemüseanbau Freiland (Sachs.)	ha 3.052	4.247
Gemüse unter Glas oder ähnl.	m² 365.536	530.675

Wir können einen erfreulichen Trend im Gemüse, Baum - und Beerenobstanbau erkennen. Zuwachs im Vergleichszeitraum :

Baum - und Beerenobst	417 ha
Gemüse Freilandanbau	1.195 ha
Gemüse unter Glas od. ähnl.	16,5 ha

Bleibt der Wunsch offen, dass das hochwertige in Sachsen Erzeugte auch dem Verbraucher vor Ort zugute kommt. Alle wissen wir um die Wertigkeit und den Geschmack der Produkte aus dem Supermarkt, eigentlich schade ums Geld!

Zu DDR - Zeiten gab es die GHG (Großhandelsgesellschaft) oder andere Aufkaufstellen, die hochwertige Produkte von Kleinerzeugern aufkauften und vermarkteten. Aufkaufstellen für Hühnereier gab es flächendeckend, die Hühnerintensivhaltung würde sich von selbst klären und sehr wahrscheinlich erübrigen! Ja, früher ging es doch auch!

Leider ist dies völlig unter die Räder gekommen, man will keine Konkurrenz. Kein Kleinerzeuger kann Erzeugnisse die über seinen Eigenbedarf hinaus gehen heute an den „Mann“ bringen. Viele würden sich gern die Haushaltkasse aufbessern wollen, leider haben nur die Supermärkte das Sagen und nutzen ihre Monopolstellung.

Wie machen es die „Bergbauern“ in Südtirol? Verarbeitungs- und Vermarktungsgenossenschaft heißt das „Zauberwort“!

Nebenbei bemerkt, ich zolle allen Bergbauern Hochachtung, nur sehr Wenige wären in unserer Region bereit unter den großen körperlichen Strapazen, die die Arbeit an Steilhängen erfordert, Landwirtschaft zu betreiben!

Ein großer Teil der Erzeugnisse der Haupterwerbslandwirte könnte über eine Aufkauf - und Vermarktungsgenossenschaft zum Kunden gelangen. Die Produkte der 85 Nebenerwerbsbauern sowieso und hinzu kämen Kleingärtner und Besitzer von Grundstücken die Gartenbau und Kleintierhaltung zulassen. Ein riesiges Potential, unter der Vorraussetzung es „Lohnt Sich", würden es sicher Viele nutzen! Es kommt immer auf die Preisgestaltung an.

So mancher Wiedereinrichter hat sich ein Schlachthaus mit Kühl - und Verkaufsraum geschaffen, so richtig glücklich ist kaum einer damit. Diese Hofläden werden zu wenig frequentiert.

Solche Auswüchse wie die subventionierte Kaninchenhaltung in der DDR sollte es nicht annehmen.

Ein wirkliches Bioprodukt sollte man nicht verschleudern, dies käme schon eher den unausgereiften, geschmacklosen und eventuell belasteten Artikeln der Großmärkte zu. Eine wirkliche Chance neben dem Supermarkt zu bestehen bringt nur der gut organisierte Zusammenschluss aller Erzeuger. So könnte ich mir ein weiteres Anwachsen der Zahl der Nebenerwerbslandwirte vorstellen. Ein Beispiel, ein Ehepartner verdient gut mit einem festen Job, der Andere kümmert sich um einen Hof in extensiver Bewirtschaftung. Mutterkuhhaltung, eventuell mit Tierrassen die im Winter keinen Stall benötigen.

Die Kinder wachsen unter ähnlichen Bedingungen auf wie wir früher und es ist ein ländlich glückliches Familienleben mit gesunder Umwelt und Ernährung möglich. Auch die Gebäudeerhaltung wäre gesichert.

Die professionellen Bauernhöfe haben kaum eine Überlebenschance, siehe „Bauer sucht Frau", so blöd diese Fernsehsendung auch ist, eine traurige Wahrheit steht dahinter. Junge Bauern finden keine Partnerin mehr. Eine gute Chance hat dann schon eher eine Agrargenossenschaft, wo der Bauer auch mal krank werden darf oder sich einen Urlaub gönnen kann.

Mann kann ja mal träumen, eine Aufkauf - und Verarbeitungsgenossenschaft könnte im Gelände des Oberottendorfer Bahnhofes oder Anderswo entstehen. Mit Schlachthaus, Käserei, Obst - und Gemüseverarbeitung etc. und natürlich einer modernen Verkaufseinrichtung und Imbissangebot. Wünschenswert wäre es, wenn so ein Vorhaben die entsprechend notwendige staatliche Unterstützung fände, wie zum Beispiel ein gewisser Hühnerstall! So nun mache ich die Augen wieder auf. Vielleicht finden sich noch einige Träumer!

Zum Wolf nur soviel, ein altes russisches Sprichwort sagt: „Dort wo der Wolf ist wächst der Wald"! Ohne ihn wird es bei der heutigen Bewirtschaftungsform des staatlichen Waldes künftig kaum gehen. Bei der Selbstregenerierung des Waldes durch Anflug kann man Wildverbiss ganz und gar nicht gebrauchen. Dies ist das Ergebnis meiner Beobachtungen der letzten zwei Jahre, ein enormer Jungpflanzenanflug ist zu verzeichnen. Dies ist natürlich abhängig von der Samenbildung der Bäume und sicher jährlich unterschiedlich. Aber was Reh -, Rot - und Muffelwild abgeweidet haben ist nicht zu unterschätzen.

Schon nach zwei Jahren „Wölfe" sieht man kein Reh mehr, das Muffelwild im Polenztal und den Königshainer Bergen ist verschwunden! Bevor die Wölfe kamen hat man vereinzelt hin und wieder mal einen Hasen gesehen. Seit der Wolfsinvasion habe ich keinen mehr zu Gesicht bekommen! Alle Beutetiere des Wolfes werden zu Lebewesen zweiter Klasse degradiert. Die Wildschweine bleiben uns erhalten, so blöd sind die Wölfe nicht, dass sie sich den Bauch aufschlitzen lassen und die Schweine nehmen ihren Nachwuchs in die Mitte.

Seit dem Frühjahr 2012 wehren sich Tierhalter und Naturliebhaber gegen die ungebremste Vermehrung des Wolfes, hier die Schäferei Horn in Berthelsdorf

Liebe Leser, eingangs habe ich geschrieben die lebensprägende Geschichte der beiden Gesellschaftssysteme die das Leben bestimmten neutral darstellen zu wollen. Ich glaube es ist nicht immer gelungen, viel zu groß waren die Diskriminierungen und kriminellen Wirtschaftsverbrechen nach 1990. Korruption und Lobbyismus regieren auch heute noch die Bundesrepublick, nach 25 Jahren deutsche Einheit gibt es noch immer ein Lohnniveau Ost und West, desgleichen bei der Rentenberechnung. Frauen werden nach wie vor schlechter entlohnt als Männer, derartige grundgesetz- bzw. verfassungswidrige Vergehen kannten wir früher nicht.

Vom Weltfrieden sind wir sehr, sehr weit entfernt, das Rüstungsgeschäft boomt wie selten zuvor, so dass selbst der Pabst versucht zumindest mit Worten gegenzusteuern. Alle Friedensorganisationen dieser Welt sind scheinbar machtlos gegen Zerstörung, Völkermord und Vertreibung.

Zum Schluss habe ich noch einige selbst verfasste Verse drangehangen und wünsche viel Freude.

Frühlingsaufbruch

Das Bergbächlein murmelt fröhlich,
vom Eis befreit, das macht mich seelig!
Eisvogel und Wasseramsel nehmen schon ihr Bad,
Herr Kneipp gab wohl 'nen guten Rat.

Erste Frühlingsblumen blühen schon,
Frau Sonne schickt uns einen warmenTon,
im Herzen fängt's an zu vibrieren,
in dir tut's schon jubilieren!

Plötzlich stehst Du auf beiden Füßen,
die Zivilisation lässt grüßen –
Benzingestank und übler Lärm
ganze große Bikerschwärm!

Wilde Horden am Wanderer vorüberknattern,
die Beine fangen an zu flattern!
Des Nachbarn Sonntagsruhe stören darf 'ste nicht,
gleich bist du ein Bösewicht!

Vernüftge Nubbern halten sich dran,
weiß der Teufel warum der Biker kann!
Die Tb – Zahl alle Normen bricht –
Schalldämpfer so was kennt man nicht!

Vandalismus heißt der große Schrei,
Graffiti wird zur Kunst erhoben,
was ist da schon dabei.
Die Rechnung kriegt der Eigner zugeschoben,
dass macht richtig frei!

Drum lasst uns nicht versäumen,
von einer „neuen Saat" uns nicht nur träumen –
den Acker gründlich vorbereiten
diplomatisch für Recht und Ordnung streiten!
Nicht nur Vögel sollen fröhlich singen –
Es ist der Menschen Recht und das vor allen Dingen!

Schiff Ahoi !

Steuermann hoh,
Steuern her he!
Unser Schiff ist leck, an Luv und Lee,
ringsum steile Klippen
kein Polster ist mehr auf den Rippen!

Entglitten ist der große Fang,
dem Michel wird es Angst und Bang!
Kein Boden ist im Fasse mehr,
es müssen neue Steuern her!

Erfunden werden neue Namen,
der Buckel krümmt sich schon zum Gott's erbarmen,
von hinten wird's Pferd aufgezäumt,
derweil der Hafer in der Krippe weggeräumt!

Lohn-, Grund-, Mehrwert-, Kraftstoff-, Tabak-, Erbschaftssteuer
die Liste ist viel ungeheurer!
Durchführungsklauseln machen all dies noch viel teurer,
der Dschungel wird immer nasser,
undurchdringlich selbst für die Verfasser!

Wenn die Namensliste ausgeschöpft,
wird der Zahler mittels Schraube noch geschröpft.
Früher Feingewinde, dass war toll,
Heute grobe Steigung, nur noch „Zoll"!

Valentinstag

Lang hast Du nicht auf meinem Schoss gesessen
all dies, ist dies schon vergessen?
Vielleicht sollt ich mal wieder Rosen schenken,
dabei an verflossne Zeiten denken.

Jahrzehnte schufteten wir schwer,
nicht geworden sind wir Millionär.
Chauffeur und Bodyguard, dass hast du nicht,
doch dafür hast du mich!

Alles was wir aufgebaut basiert auf Ehrlichkeit
unser Name bürgt dafür, wohl weit und breit.
Ach wär's im ganzen Lande so,
Alle wären darum froh!

Des Volkes Lebensqualität die stieg enorm,
Freiheit, Recht und Ordnung fänden wieder ihre Form!
Des Tages Arbeit gern und sorglos machen,
am Abend dann mit Freunden herzlich lachen!

Vorfrühlingsluft genießen,
schaun, wenn erste Blumen sprießen.
Alltag und Sorgen mal beiseite schieben,
ohne Worte - sich mal wieder Lieben!

Hohwald - Heimat mein

Dort wo die Wesnitz entspringt,
die Vogelschar frühmorgens dir ein Ständchen bringt,
wo leben Reh und Has,
nimm einfach mal den Fuß vom Gas,
wo der Hohwald winkt mit seiner Pracht,
hier halte an, von Ärzten und Natur, wirst du gesund gemacht!

Wo Goldflüssel und Lohbach fließen Richtung Elbe hin,
hier entspann dich, hier macht's Sinn.
vom Valtenberg zum hohen Hahn,
weite Wälder dem Wanderer sind angetan,
vom schönen Neustadtal bis zu den sieben Linden,
kannst du große Schätze finden!

Der Hohwald eine unmarkierte Grenze is's,
zu hören is'se das ist gewiss.
In Neustadt tun de Leute „Sächseln",
hintern Busche tut das wechseln.
A' Wunsdoorf, de Natur hatt's su gewollt,
doa woard's Rr , su richt'ch mit drr Zunge gerullt!

Die Sage spricht, „dem Guten tut sich auf der Berg",
Gesundheit wohl der größte Schatz,
findest du hier nicht nur von Kraut und Wurzelwerk,
hier hat eine große Klinik ihren Platz!
Asklepois, der Sohn vom Göttervater Zeus,
er der erste Doktor dieser Welt
sich hier mit seinem Team, humanen Aufgaben stellt!

Früher heilte man Tuberkulose,
heute hilft man bei Gelenkarthose!
Ein guter Doktor war schon immer der Humor,
haste Schmerzen in Gelenken, lachste nimmer, das kommt vor.
Weil du ein Leben lang gerackt,
alläng'n immer kräftig zugepackt!

Als Rentner willst du noch ein Stück vom Leben genießen,
schon lassen die Beschwerden grüßen!
Modernste Medizin, alles ist vom Feinsten,
gute Betreuung bis zum Kleinsten,
hier wirst du schnell gesunden,
wie ein Hase, läufst du deine Rentnerrunden!

Die Holzoper

Als wir noch Kinder waren
so in den fuffziger Jahren,
da war'se groß die Freude,
wenn's hieß de Holzoper kommt heute!

Familie Ritscher aus'n Biehlatal
spielte Märchen zur verschiednen Wahl.
Aus Holz war'n die Marionetten,
schön war die Zeit, ach wenn wir die noch hätten!

Das Theater war klein und territorial
nämlich, im Erbgerichte uff'n Saal.
Der Eintritt kam bloß ein paar Pfennge,
erfreuen, konnt sich Jeder von der großen Menge!

Eine steile Karriere nahm's Marionettenspiel,
nu wird's doch eh bissl viel.
Die Marionetten sind heut die Politiker,
so sehn's gute Kritiker!
Landesweit ja international,
täglich eine neue Schau, dass wird zur Qual!

Vieles wurde übernommen voller Stolz,
ja selbst die Köpfe sind aus Holz!
Die Politik is's, wie de Bewegungen am Strickel,
eehgelenksch, ruckartig und immer fehlt das „Logik Stück'l"!
Mitmachen muss es die ganze große Menge
und teuer is'ses oh noch, es kostet ne bloß eh paar Pfennge!

Rotkäppchens Freud und Leid

Seit'n Frühjahr zweetausendzwölfe ,
gibt's im Hohwald wieder Wölfe,
ich weeß ne welch'n Weg se nah'm
uff jed'n Fall sein's keene zahm'n

Lammkeule stand uff'n Speiseplan
sie griff'n zu glei mit Elan,
dran gloob'n mussten um de Dreisig
vor'n Einstand ganz schön fleißig!

Sie genießen strengen Schutz
allen Tierhaltern zum Trutz!
Von der EU ist's so gewollt
„Hallo Wölfe kräftig ausgetollt"!

Schnell nahmn'se in Hohwald in Besitz
behördlich genemigt es ist kein Witz,
da steck'n welche unter een'r Schafspelzdecke,

was ist das Ziel, zu welchem Zwecke

Den Michl stört es kaum,
alles gibt's im Supermarkt s'is wie im Traum,
gabs früher mal een Tierverlust,
hat de Großmutter glei gewusst,
es fehlt ne bloß im Portmonee,
nee, oh uff'n Tische und das tat weh!

Wahrscheinlich is's, dass Rotkäppchen's Körbl künftig leichter wird
es kann oh sein, dass es sich verirrt,
wenn Wiesen, Wege und Ränder nu verbusch'n,
tut dr Wolf oh in Tourismusverein ins Handwerk pfusch'n !

De Förster geh'n uff ihrem Pfad
weich'n ne ab, ne um ee Grad,
den Beamt'n Status riskiert heut Keen'r,
Dienst nach Vorschrift mach'n alle , ne bloß Een'r !
Dr Beamte der sein'n Nubbern oh no kannte,
der is ausgestorben in dem Lande!

Aber , auch im Hohwald brennt ein Licht
welches Frohsinn und Menschlichkeit verspricht,
ein Wunder dieser Zeit,
dass gibt's ne glei wieder weit und breit,
dem gestressten Bürger, Muse und Entspannung bringen,
wenn Humor und frohe Lieder klingen.
Weil es einer duften Truppe so gefällt
tun sie es aus Spaß und nicht für Geld.

Zehn Jahre sind nun schon ins Land gegangen
das die Hohwaldmusikanten keinen Cent verlangen!
Der Wind mög tragen diesen Musikantengeist
weit hinaus ins schöne Sachsenland,
vielleicht auch bis zum Meeresstrand!